城市建设与国土空间规划

王澍湉　郭庆云　徐慧萍　主编

哈尔滨出版社
HARBIN PUBLISHING HOUSE

图书在版编目（CIP）数据

城市建设与国土空间规划 / 王澍湉，郭庆云，徐慧
萍主编 . -- 哈尔滨 : 哈尔滨出版社，2024. 7. -- ISBN
978-7-5484-8074-7

Ⅰ. TU98

中国国家版本馆 CIP 数据核字第 2024SN8779 号

书　　名：城市建设与国土空间规划
CHENGSHI JIANSHE YU GUOTU KONGJIAN GUIHUA

作　　者：王澍湉　郭庆云　徐慧萍　主编
责任编辑：杨滟新
封面设计：周书意

出版发行：哈尔滨出版社（Harbin Publishing House）
社　　址：哈尔滨市香坊区泰山路82-9号　　邮编：150090
经　　销：全国新华书店
印　　刷：廊坊市海涛印刷有限公司
网　　址：www.hrbcbs.com
E-mail：hrbcbs@yeah.net
编辑版权热线：(0451)87900271　87900272

开　　本：787mm×1092mm　1/16　印张：11.5　字数：178千字
版　　次：2024年7月第1版
印　　次：2024年7月第1次印刷
书　　号：ISBN 978-7-5484-8074-7
定　　价：68.00元

凡购本社图书发现印装错误，请与本社印制部联系调换。
服务热线：（0451）87900279

编委会

前　言

随着社会经济和科学技术的发展，为了适应生产方式和生活方式的变化，人们总是在不断地改进自己的居住环境，能动地或被动地进行着城市的改造和建设，在这一过程中城市建设不断地得到发展。城市的建设又离不开国土空间的规划，国土空间是对国家主权管理地域内一切自然资源、社会经济资源所组成的物质实体空间的总称，是一个国家及其居民赖以生存、生活、生产的物质环境基础。对国土空间进行统筹规划，从而实现有效保护、高效利用、永续发展，既是满足人们对美好生活向往与高质量发展的目标的要求，也是一个主权政府的重要责任。古往今来，人类社会对于空间规划的探索具有悠久的历史，并由于国情的不同而呈现出丰富多彩的差异，空间规划的具体名称、体系及内容等也各不相同。

国土空间规划是国家空间发展的指南，可持续发展的空间蓝图，是在国土空间上进行各类开发保护建设活动的基本依据。虽然，国土空间规划是依托传统的城乡规划、土地利用规划、主体功能区规划等相关规划基础，但并不是将这些传统规划类型进行简单拼凑、叠加，而是一个全面、深刻的体系重构过程，它必然对既有的相关规划理论、方法与技术等提出一系列新的发展需求。在城市建设及国土空间开发的过程中，要处理好国际化与本土化的关系，积极学习、借鉴国际规划界的成果并与中国国情紧密结合，充分体现"世界眼光，中国特色"的要求。

在本书的写作过程中，我们得到了很多宝贵的建议，谨在此表示感谢。同时参阅了大量的相关著作和文献，在参考文献中未能一一列出，在此向相关著作和文献的作者表示诚挚感谢和敬意，同时也请对写作工作中的不周之处予以谅解。由于作者水平有限，写作时间仓促，书中难免会有疏漏不妥之处，恳请专家、同行不吝批评指正。

目 录

第一章 城市道路建设 1
  第一节 市政道路养护管理 1
  第二节 市政道路项目环境保护 10
  第三节 城市道路建设可持续发展 17
第二章 城市规划 30
  第一节 城市规划概论 30
  第二节 城市基本规划 38
  第三节 城市道路规划 53
第三章 国土空间规划 60
  第一节 国土空间规划设计 60
  第二节 国土空间规划管理 73
  第三节 国土空间开发格局优化的思路 81
第四章 城乡规划的基本体系 93
  第一节 城乡规划的基本概念 93
  第二节 城乡规划思想与基本理论 102
  第三节 城乡规划的重要性与基本原则 109
  第四节 城乡规划的管理模式 118
第五章 城乡规划设计与管理 126
  第一节 城乡空间规划设计 126
  第二节 城乡道路规划设计 136
  第三节 城乡规划管理分析 145
结束语 169
参考文献 171

第一章 城市道路建设

第一节 市政道路养护管理

一、市政道路的分类

市政道路是指城市内部的通路，是城市组织生产、安排生活、搞活经济、流通物资所必需的车辆、行人交通往来的道路，是连接城市各个功能分区和对外交通的纽带。

我国的城市道路是根据其在道路系统中的地位、交通功能，以及对沿线建筑物的服务功能及车辆、行人进出频率而分类的。中华人民共和国住房和城乡建设部颁发的行业标准《城市道路工程设计规范》，根据城市道路在道路网中的地位、交通功能以及对沿线的服务功能等，将城市道路分为快速路、主干路、次干路及支路四个等级。

(一) 按城市骨架分类

根据道路在城市总体布局中的位置和作用，城市道路按城市骨架，可分为以下四类。

1. 快速路

快速路又称城市快速干道，为城市中大量、长距离、快速的交通服务，属城市交通主干道。在《城市综合交通体系规划标准》中规定，对人口在200万人以上的大城市，或长度超过 30 km 的带状城市，应设置快速路。另外，在大城市外围的卫星城镇与中心市区之间，远距离的卫星城镇之间也宜设置快速路。25 万 ~ 30 万人的居民区间距大于 10 km 时，也可设快速路。快速路布置有 4 条以上的行车道，全部采用立体交叉，且全部控制出入，分向分道行驶，一般应布置在城市组团之间的绿化分隔带中，成为城市组团的分界。快速路与城市组团的关系可比作藤与瓜的关系。

快速路是大城市交通运输的主要动脉，同时也是城市与高速公路的联系通道。在快速路上的机动车道两侧不宜设置非机动车道，不宜设置吸引大量车流和人流的公共建筑出口。对两侧建筑物的出入口应加以控制，且车流和人流的出入应尽量通向与其平行的道路。

快速路两旁的视野要开阔，可设绿化带，但不可种植大乔木和灌木，以免阻碍视线，影响交通安全。在有必要且条件允许的城市，快速路的部分路段可考虑采用高架的形式，也可采用路堑的形式，以更好地协调用地与交通的关系。

2. 主干路

主干路又称城市主干道，是城市中主要的常速交通道路。它主要为相邻组团之间和与中心区的中距离运输服务，是联系城市各组团及城市对外交通枢纽联系的主要通道。主干路在城市道路网中起骨架作用。它与城市组团的关系如同串糖葫芦的关系。

主干路上机动车与非机动车应分隔行驶，交叉口之间的分隔带要尽量连续，以防车辆任意穿越，影响主干路上车流的行驶。主干路两侧不宜设置吸引大量车流、人流的公共建筑出入口。

主干路多以交通功能为主，除可分为以客运或货运为主的交通性主干道外，也有少量主干路可成为城市主要的生活性景观大道。

3. 次干路

次干路是城市各组团内的主要干道，与主干路结合组成城市干道网，起集散交通的作用。

次干路兼有服务功能，两侧可设吸取大量车流、人流的公共建筑住宅，设置机动车和非机动车的停车场，并满足公共交通站点和出租车服务站的设置要求。

次干路可分为以下两种：

（1）交通性次干道

交通性次干道常为混合性交通干道和客运交通次干道。

（2）生活性次干道

生活性次干道包括商业服务性街道或步行街等。

4. 支路

支路又称城市一般道路或地方性道路，应为次干路与相邻道路及小区的连接线，解决局部地区交通，以服务功能为主。

支路不得与快速路直接相接，只可与平行快速路的道路相接。在快速路两侧的支路需要联系时，需用分离式立体交叉跨越。支路应满足公共交通路线行驶的要求。

《城市道路工程设计规范》规定，城市道路交通量达到饱和状态时的设计年限，快速路、主干路为 20 年；次干路为 15 年；支路为 10～15 年。

城市按照其市区和郊区的非农业人口总数，可分为以下三类：①大城市，即 50 万以上人口的城市。②中等城市，即 20 万～50 万人口的城市。③小城市，即不足 20 万人口的城市。

上述四类道路的交通功能关系见表 1-1。

表 1-1　各类道路交通功能的关系

类别	位置	交通特征						
快速路	组团间	交通性	货运	高速	隔离性大	交叉口间距大	机动车流量大	无自行车、步行流量
主干路	组团间							
次干路	组团内	生活性	客运	低速	不需隔离	交叉口间距小	机动车流量小	自行车、步行流量大
支路	组团内							

(二) 按功能分类

城市道路按功能分类的依据是道路与城市用地的关系，按道路两旁用地所产生交通流的性质来确定道路的功能，具体可分为以下两大类。

1. 交通性道路

交通性道路是以满足交通运输为主要功能的道路，承担城市主要的交通流量及对外交通的联系。

交通性道路的特点是车速高、车辆多、车行道宽，道路线形要符合快速行驶的要求，道路两旁要求避免布置吸引大量人流的公共建筑。

根据车流的性质，交通性道路可分为以下两类。

(1) 以货运为主的交通干道

这类道路主要分布在城市外围和工业区，对外货运交流枢纽附近。

(2) 以客运为主的交通干道

这类道路主要布置在城市客流主要流向上，可分为客运机动车交通干道、全市性自行车专用路和客货混合性交通道路。

交通干道之间的集散性或联络性的道路，或用于用地性质混杂的地段。

2. 生活性道路

生活性道路是以满足城市生活交通要求为主要功能的道路，主要为城市居民购物、社交、游憩等活动服务。它以步行和自行车交通为主，机动车交通较少，道路两旁布置为生活服务的、人流较多的公共建筑及居民建筑，要求有较好的公共交通服务条件。生活性道路具体可分为：①生活性干道，如商业大街居住区主要道路。②生活性支路，如居住区内部道路等。

二、市政道路养护的分类与政策

（一）市政道路养护的目的和任务

1. 市政道路养护的目的

市政道路建成投入使用后，由于反复承受载荷的作用和自然因素的侵蚀破坏，以及设计、施工中留下的某些缺陷，致使现有市政道路的使用功能日益退化，难以适应社会发展对市政道路服务质量的要求。因此，加强市政道路保养、维修和改善具有十分重要的意义。

市政道路养护的目的是经常保持市政道路及其设施的完好状态，及时修复损坏部分，保证行车安全、舒适、畅通，以提高运输经济效益。

2. 市政道路养护的基本任务

市政道路养护的基本任务：采取正确的技术措施，提高养护工作的质量，延长道路的使用年限，以节省资金；防治结合，治理道路的病害和隐患，逐步提高道路的抗灾能力，并对原有技术标准过低或留有缺陷的路线、构造物、路面结构、沿线设施进行改善或补建；确保道路及其沿线设施的各部分均保持完好、整洁、美观，保障行车安全、舒适、畅通，以提高社会的经济效益。

(二) 市政道路养护的工作内容

市政道路的养护工作内容，包括市政道路设施的检测评定、养护工程和档案资料存管。

道路设施应包括车行道、人行道、路基、停车场、广场、分隔带及其他附属设施。

(三) 市政道路养护的分类

1.市政道路养护施工分类

市政道路养护根据其工程性质、技术状况、工程规模及工程量等内容，可分为保养小修、中修、大修及改扩建4个工程类别。

(1) 保养小修

为保持道路功能和设施完好所进行的日常保养，对路面轻微损坏的零星修补，其工程数量宜不大于400 m²。

(2) 中修

对一般性磨损和局部损坏进行定期维修，以恢复道路原有技术状况的工程。其工程数量宜大于400m²，且不超过8000m²。

(3) 大修

对道路的较大损坏进行全面综合维修、加固，以恢复到原设计标准，或对局部进行改善，以提高道路通行能力的工程。其工程数量宜大于8000m²，含基础施工的工程宜大于5000m²。

(4) 改扩建

对道路及其设施不适应交通量及载重要求而需要提高技术等级和提高通行能力的工程。

2.市政道路养护分级

根据各类市政道路在城市中的重要性，将市政道路分为以下三个养护等级。

(1) Ⅰ等养护的市政道路

快速路、主干路、次干路和支路中的广场、商业繁华街道、重要生产区、外事活动及游览路线。

（2）Ⅱ等养护的市政道路

次干路及支路中的商业街道、步行街、区间联络线、重点地区或重点企事业所在地。

（3）Ⅲ等养护的市政道路

支路、社区及工业区的连接主次干路的支路。

（四）市政道路养护的方针与政策

1.市政道路养护的方针

根据交通运输部颁发的《公路科学养护与规范化管理纲要》要求，从我国当前道路建设、养护管理工作的实际出发，市政道路养护的基本指导方针是：以深化改革为动力，以技术进步为手段，以提高职工队伍素质为基础，以强化管理为依托，以依法治路为保障，建立现代化的道路养护管理体系。

结合高等级道路的特点，现阶段我国高等级道路养护工作的指导方针是：全面规划、协调发展、加强养护、积极改善、科学管理、提高质量，依法治路保证畅通，普及与提高相结合，以提高为主。

因此，各级道路管理机构应把养护技术改造作为首要任务。

2.市政道路养护工作的基本原则

在制订市政道路养护技术措施时，应遵循以下原则：①认真开展路况调查，分析道路技术状况，针对病害产生的原因和后果，采取有效、先进、经济的技术措施。②加强养护的前期工作以及各种材料试验及施工质量检验，确保工程质量。③推广路面、桥梁管理系统，逐步建立道路数据库，实行病害监控，实现决策科学化，使现有的资金发挥最大的经济效益。④认真做好市政道路交通情况调查工作，积极开发、采用自动化观测和计算机处理技术，为道路规划、设计、养护、管理、科研及社会各方面提供全面、连续、可靠的交通情况信息资料。⑤改革养护生产组织形式，管好、用好现有的养护机具设备，积极引进、改造、研制养护机械，逐步实现养护机械装备标准化、系列化，以保障养护工程质量，提高养护生产效率，降低劳动强度，改善劳动环境。⑥加强对交通工程设施（包括标志、标线、通信、监控等）、收费设施、服务管理设施等的维护、更新工作，保障市政道路应有的服务水平。

3.市政道路养护的技术政策

市政道路养护的技术政策主要有以下内容：①以预防为主，防治结合。根据积累的经济技术资料，进行科学分析，预先防范，增强市政道路及其设施的耐久性和抗灾能力，特别要重视雨季防护，减少水毁损失。②因地制宜，就地取材，尽量选用当地天然材料和工业废渣；充分利用原有工程材料和原有工程设施，以降低养护成本。③推广应用先进的养护技术和科学的管理方法，从而改善养护生产手段，提高养护技术水平。④重视综合治理，保护生态平衡、路旁景观和文物古迹；防止环境污染；注意少占农地。⑤全面贯彻执行《公路桥梁养护管理工作制度》，加强桥梁的检查、维修、加固和改善，逐步消灭危桥。⑥市政道路养护工作设计，应符合现行《公路工程技术标准》的规定；在道路施工时，应注意社会效益，保障道路畅通。⑦加强以路面养护为中心的全面养护。⑧大力推行和发展道路养护机械化。

三、市政道路的检测、评价和养护对策

对使用中的市政道路必须按规定进行检测和评价，及时掌握道路的技术状况，并采取相应的养护措施。市政道路的检测根据内容、周期，可分为经常性巡查、定期检测和特殊检测，并应根据检测结果进行评价。

市政道路检测和评价的对象包括沥青混凝土、水泥混凝土和砌块路面等类型的机动车道、非机动车道，以及沥青类、水泥类和石材类等铺装类型的人行道。

（一）市政道路检测和评价工作的内容

市政道路检测和评价工作的内容如下：①记录道路当前状况。②了解车辆和交通量的改变给设施运行带来的影响。③跟踪结构与材料的使用性能变化。④对道路检测结果进行评价。⑤将评价结果提供给养护和设计部门。

（二）经常性巡查的内容与要求

经常性巡查应由经过培训的专职道路管理人员或养护技术人员负责。巡查应对结构变化、道路施工作业情况，以及各种标志及其附属设施等状况进行检查；巡查宜以目测为主，并应填写市政道路巡查表；巡查应按道路类

别、级别、养护等级分别制订巡查周期。

Ⅰ等养护的市政道路宜每日一巡，Ⅱ等养护的市政道路宜两日一巡，Ⅲ等养护的市政道路宜三日一巡。经常性巡查记录应定期整理归档，并提出处理意见。在巡查过程中，如发现设施明显损坏，影响车辆和行人安全，应及时采取相应的养护措施，特殊情况可设专人看护，并填写设施损坏通知单。

市政道路养护与管理

(1) 经常性巡查包括以下内容：

①路面及附属设施外观完好情况。

A. 沉陷、坑槽、壅包、车辙、松散、搓板、翻浆、错台，井框与路面高差、剥落、啃边、缺失、破损、淤塞等损坏。

B. 检查井盖、雨水井完好情况。

C. 积水情况。

②路基沉陷、变形、破损等情况。

③检查在道路范围内的施工作业对道路设施的影响。

④其他损坏以及不正常现象。

(2) 在经常性巡查中，当发现道路沉陷、空洞或大于100 mm的错台，以及井盖、雨水口箅子丢失等影响道路安全运营的情况时，应按应急预案处置，立即上报，设置围挡，并应在现场监视。

(三) 定期检测

1. 定期检测的评价单元

定期检测的评价单元应符合下列规定。

(1) 道路的每两个相邻交叉口之间的路段应作为一个单元，交叉口本身宜作为一个单元；当两个相邻交叉口之间的路段大于500 m时，每200~500m作为一个单元，不足200 m的按一个单元计。

(2) 每条道路应选择若干个单元进行检测和评价，应以所选单元的使用性能的平均状况代表该条道路路面的使用性能。当一条道路中各单元的使用性能状况差异大于两个技术等级时，则应逐个单元进行检测和评价。

(3) 历次检测和评价所选取的单元应保持相对固定。定期检测的情况记录、评价及对养护维修措施的建议，应及时整理、归档、上报。

定期检测可采用下列仪器设备。

（1）平整度的检测宜采用激光平整度仪等检测设备；次干路、支路可采用平整度仪或 3m 直尺等常规检测设备。

（2）路面损坏的检测宜采用路况摄像仪等检测设备；次干路、支路可采用常规方法测量。

2. 定期检测的内容

定期检测可分为常规检测和结构强度检测。

（1）常规检测

常规检测应每年一次。常规检测应由专职道路养护技术人员负责。

①常规检测规定要求：对照市政道路资料卡的基本情况，现场校核市政道路的基本数据，检测损坏情况，判断损坏原因，确定养护范围和方案。对难以判断损坏程度和原因的道路，提出进行特殊检测的建议。

②常规检测的内容：

A. 车行道、人行道、广场铺装的平整度。

B. 车行道、人行道、广场设施的病害与缺陷。

C. 基础损坏状况。

D. 附属设施损坏状况。

（2）结构强度检测

结构强度检测应由专业单位承担，并由具有城镇道路养护、管理、设计、施工经验的技术人员参加。检测负责人应具有 5 年以上城镇道路专业工作经验。

结构强度检测快速路、主干路宜 2～3 年一次；次干路、支路宜 3～4 年一次。

①路表回弹弯沉值测定。结构强度检测应用路表回弹弯沉值表示。检测设备宜采用落锤式弯沉仪、贝克曼梁等检测设备。

②抗滑性能检测。市政快速路、主干路应进行路面抗滑性能检测，以粗糙度表示。检测设备可选用摆式仪等。

(四) 特殊检测

(1) 当出现下列情况时，应进行特殊检测。

①进行道路大修、改扩建时。

②道路发生不明原因的沉陷、开裂、冒水时。

③在道路下进行管涵顶进、降水作业、隧道开挖等工程施工期间。

④道路超过设计使用年限时。

(2) 特殊检测部位和有关的要求与定期检查相同。

(3) 特殊检测应包括以下内容。

①收集道路的设计和竣工资料；历年养护、检测评价资料；材料和特殊工艺技术、交通量统计资料等。

②检测道路结构强度。

③调查道路沉陷原因，检测道路空洞等。

④对道路结构整体性能、功能状况进行评价。

第二节 市政道路项目环境保护

根据对市政道路项目环境影响的评价，为使项目对环境的影响完全达到各项指标要求，需要采取适当的环境保护措施。根据以往市政道路建设项目管理经验，提出保护措施。

一、自然环境保护对策

(一) 声环境保护措施

1.控制设备机械噪声

(1) 施工作业的各种施工设备和运输工具应保持正常运行，不得损坏。施工前，应按照机械设备的保养要求，对设备进行保养和修理。如果施工过程中发现机器故障应及时报告并排除。所有运输车辆进入现场后禁止鸣笛，以降低噪声。

（2）现场混凝土泵等大型机械设备进场前应检查验收，经有关部门检验合格并开具合格证后方可投入使用。在使用过程中，工作人员应做好可能发出噪声的部位的防噪声处理工作。

（3）现场施工和木材加工场地应设置隔声棚，可有效降低噪声。木材切割采用木工圆锯，棒材加工采用棒材切割机、棒材弯曲机等较新的设备，其操作性能好而且噪声低。

（4）设备在使用前应定期检查、验查和识别，并在使用过程中积极维护。在特殊情况下设备必须采取专门的噪声控制措施，如设置隔声防护棚、旋转装置防护罩，混凝土泵等设备采用环保机械设备。

（5）手持电锯、冲击钻，电镐电锤等小型电动工具有可能发出尖锐噪声，要控制使用时间和频次，夜间作业尽量避免。

2. 控制工程施工噪声

（1）施工前期，要向相关部门办理施工手续，其内容主要包括有关施工场地交通、环卫和施工噪声管理等。

（2）控制施工中的噪声，在脚手架搭拆、安拆模板、绑扎制作钢筋、搅拌混凝土等活动中，要将施工时间安排在白天进行，晚上超过9点后，要采取减少甚至拒绝作业等人为措施控制噪声。

（3）搭设和拆除脚手架或各种金属防护棚时，钢架的搭设应严格遵守搭设和拆除程序，并注意人工安全问题。特别是在拆除工作中，严禁将拆除的钢管或构件从高空抛掷。

（4）在结构施工中，应控制钢筋搬运、组装、拆除、绑扎过程中的冲击声，并按施工作业的噪声控制措施进行作业。严禁随意敲打钢管或铁块模板，特别是从高处拆下的模板。不可撬动它们，使它们自由坠落，也不可从高处抛掷。

（5）混凝土震动时，需要按标准施工顺序进行，在施工中控制尖锐噪声。在振捣器冲击模板钢筋过程中，可直接用环保振捣器进行噪声处理。

（6）料斗和车辆的废渣处理，不能采用铲、刮，万不得已的情况下，也要注意力度，杜绝随意敲打制造噪声。

3. 控制运输车辆噪声

（1）材料设备现场运输过程中，控制运输车辆产生的噪声和材料设备搬运堆放过程中产生的噪声，严格控制进入现场的车辆发出的声音分贝。

（2）钢管、钢筋、金属构件及配件等材料的卸载应采用机械提升或人工搬运，并注意避免剧烈碰撞和撞击产生的噪声。

（3）堆放易产生噪声的材料时，要小心轻放，不要从高处扔，以免发出很大的噪声。异地运输更要控制噪声的产生，避开城市人口密集区，而且要避免车辆对运输线路沿线道路的损坏和污染，避免噪声对沿线居民造成干扰。

4. 控制人为噪声

加大对人为噪声的控制，开展培训增强全体施工生产人员防噪声的素质，并在每周末进行现场培训，动员大家共同努力减少大声喧哗现象。

（二）空气环境保护措施

1. 控制施工扬尘

（1）建筑地四周用围墙进行遮挡。材料和堆场采用集中堆放，并用砌墙固定或彩钢板固定，围墙还可以隔挡风沙。

（2）作业区设置在现场附近的裸露硬化地面，并进行夯实后作为加工场、材料堆场和道路；废弃的地面开荒后种植花草、灌木等植被，以此降尘吸尘达到净化空气、美化环境的目的。部分场地采用铺设广场砖、每日洒水来减少尘土飞扬。

（3）运输车辆方面，采取遮盖顶部的方式，混凝土押送车的出料口必须有特质袋子进行包裹，进出场内必须到专门区域进行冲洗，检查符合后方可进离场。

（4）生活方面，要求工人全部使用新能源，生活区及工作现场禁止一切明火，严禁乱扔垃圾，禁止焚烧废物，以免造成危险和对周边环境产生不良影响。

（5）现场的混凝土、砂浆搅拌机均采用密闭式的防护棚进行防护，避免施工过程中产生不必要的粉尘污染以及噪声污染，并安排专人每天进行清理。

（6）在施工现场设置大型垃圾回收站，是暂时存放建筑垃圾的地方。小型废料池在回收站旁边，用于清理废料，部分资源可以回收再利用。

（7）水泥、沙子等材料，易产生粉尘，应设置在工地材料棚内进行密闭存放，确保材料棚密封，并定期巡逻，以防止大风天气对材料棚外壳造成损坏。

（8）钢筋场地必须硬化，并配备桥墩，以确保钢筋不与积水接触，防止腐蚀。雨季前应购买足够的覆盖材料，如塑料薄膜和帆布。覆盖材料必须放在距离近的现场仓库，以便下雨时能及时取得并覆盖。用完还可以收回，可重复使用并确保其完整性。

（9）设置加工棚，用作钢筋、模板木梢的加工。

（10）办公、生活区空地种草绿化，达到目测无扬尘的要求。

2. 妥善处置固体废弃物

（1）垃圾应分类堆放，运送至现场垃圾收集站，按照不同种类、是否回收、是否有毒进行密闭存放。可回收的现场进行重复利用，不可回收垃圾统一由垃圾清运单位使用密闭式垃圾运输车清运出场。

（2）划分区域，给各施工区域分配模板、木方等，并设置垃圾回收堆放区，将材料分别存放，且存放点之间要有间隔，便于区分，防止现场木材乱丢，确保消防安全。

（3）在钢筋车间区设置两个区间，堆放和使用区，废弃金属集中堆放，如钢铁碎屑、断裂丢弃钢筋、被侵蚀的钢管等，避免废弃物对人身安全造成伤害。堆放点要选择干燥、通风的地点，设置防雨措施，避免被氧化，便于回收。

（4）废弃砂、混凝土砌块等堆放在固定场地内，周围采取相应围护和防尘措施，方便进行回填施工时使用。

（5）与环保部门指定的垃圾清运单位签订垃圾清运协议，定期清运现场生活垃圾、建筑垃圾。

（6）根据市政府的要求，对施工现场的生活垃圾、建筑垃圾进行分类，分类运出施工现场。

（7）施工现场有毒物品，如油漆、生活用的废电池、化学品等，单独堆放，并由环保部门指定的单位进行处理。

（8）加大宣传力度，张贴分类标识，扩大知识传播面，加强现场工作人员对垃圾分类和处理办法的了解，提升自觉意识，从源头上把好关，让大家养成垃圾分类、保持环境卫生的习惯。

（三）水环境保护措施

（1）在施工现场根据场地平面布置设置相应的排水沟、雨水沉淀池和废水收集池。现场降雨收集后用于冲洗车辆、清洁道路、冲洗厕所等。

（2）食堂生活区设置存油池。厕所利用堆肥方法设置化粪池、沼气池，以便回收再利用。化粪池垫层使用混凝土，四周砌筑抹灰，保证污水不渗漏。工地现场产生的生活污水、食堂污水，经过专门处理后排入就近的废水管道中。各沼气池、沉淀池、存油池、化粪池有垃圾车定时疏通，确保通畅。

（3）定期进行现场排放水质监测，做到排放无污染。

二、社会环境保护对策

（一）政府部门加强监管措施

（1）在公路项目正式开工前，与住建部门、交通部门、城管部门等进行沟通，在项目周边可能受影响的区域设置提示牌。

（2）在公交公司等的配合下，提前调整好公交车路线，通过电视、微博、微信公众号等渠道告知群众，便于群众调整出行线路。

（3）通知电力部门提前与施工方对接，明确施工路线，确保施工期间周围群众的供电，尽量避免出现断电、电压不稳等现象，如需断电，要提前通知住户并在夜间用电期间及时恢复供电。

（4）全方位收集基础资料，并保证其完整与翔实。项目的投资预测覆盖了各项目有关的信息，包含"三通一平"实际状况、地质条件、气候条件、材料市场价格等。在经济财务评价项目中，更要注重信息收集的精与细。同时，工程造价人员要具备判断资料可用性的能力，明确何种信息具有可利用价值，从而提高投资预测的可靠性。

（5）由管理型政府向服务型政府发展，积极主动改变行政管理角色，不断促进市政工程的质量监管更专业化和社会化，能让群众意见积极渗透其中，角色的转变也能反向促进执法的严格性，确保各个行为主体依法承担相应责任。在舆论方面，政府的压力也可以由各行为主体分担。

（6）创新监管方法，完善监管举报机制，明确市政工程中质量控制要点，对于项目做好积极信息控制有重要作用。对于难以理解的指标做好解释说明，便于群众理解并进行判断。监管方式的丰富对于市政工程有着重要的意义和作用。

（7）本项目内容涉及面较广，工程项目策划也具有显而易见的开放性，信息覆盖面积广泛，需要收集多方面的信息并形成完善的知识体系。单个部门是难以做好全面项目策划的统筹工作的，需要多部门多单位互相配合，互相分享资源并及时沟通，还要根据市场情况紧密结合企业的发展战略，再通过当前项目资源状况形成科学的规划，充分发挥资源配置优势。城市建设管理部门要发挥主体作用，积极与市规划部门商讨。双方要达成市政工程项目具体事项的共识，以总体规划为引导，合理优化各项细则，做好专业规划工作。

（二）施工方履行社会责任

（1）在确定具体的规划后，将项目上报市政府，并经过发改委、财政局等部门的共同商讨后，论证项目的可行性。

（2）以上级批复的项目清单为基本依据，根据当前情况如现场条件、建设需求、资金总量等，由建设管理部门编写项目建议书，完善前期材料多角度反映情况，并且按照正规正确的流程依次做好各项前期准备工作。要坚决克服复杂度高、施工难度大等问题，严格落实规则标准，并有效地解决影响周边日常生活、工期紧张及群众关系难以协调等问题，前期准备工作实际上直接影响着后续各个环节的进行，是提高工作效率的重要基础。

（3）编制科学的项目策划方案，明确在社会环境保护中的管理工作的总目标和细分内容，并通过同类型项目所积累的宝贵经验，创建项目保护策划模板，提出具有适用性的施工标准，并尽可能提高项目实施的可行性和适应性，确保周边群众的日常生活和交通不受影响。

（4）施工单位要时刻考虑施工过程中众多的干扰因素，否则可能导致前期策划难以落实，如突发情况影响到市民出行和日常生活，要根据实际情况及时改变前期项目策划方案以确保其适用性，要时刻以人为本。在施工过程中遇到新的风险，项目负责人要结合实际情况及时调整方案，确保行人的安全。特别是学校及医院附近的施工，要时刻注意施工过程的防护，尽量选取人流量少的时间段进行危险施工，施工时安排专人进行环境巡查，避免行人擅自进入施工现场，并设立警示牌提醒行人。

（5）项目进场施工前，在封闭道路两侧的机铺绿化带、人行道进行改迁施工，保证主道的通行，机动车道两侧1.5m处的临时人行通道与护栏之间用柔性立柱隔开，同时，重要路口中间封闭钢便桥，并做好隔音措施。

（6）通过绿色施工技术手段合理控制噪声污染，可以降低不良影响。一是避免噪声污染严重的项目夜间施工，保障施工时长符合规范要求。二是及时淘汰老旧设备，应用先进的、高科技、智能化、绿色环保、低污染的机械设备。根据设备维护与保养需求做好管理，保障设备始终处于最佳的运行状态。三是在市政道路工程施工中要尽可能地应用成型的材料，避免施工材料现场加工，进而达到降低噪声的目的。

（7）通过媒体渠道，如微信、电视、微博、广播等，实时和群众分享项目进展情况，积极处理群众反馈的问题，获得群众支持。提前与百度地图等电子地图导航软件、滴滴打车软件进行沟通协调，及时更新道路线路。为缓解交通拥堵、避免造成混乱，项目施工前期，在交通部门的支持下，项目周边区域路口安排专门的交通疏导人员进行疏导，社会车辆禁止进入施工区域，特殊情况需请示领导后由疏导员引导其绕行。

（8）项目竣工后，相关负责人要收集多方意见和建议，如周边群众、商户和中小企业对于整体施工过程中造成的经济影响进行反馈。管理者综合考虑并对整个阶段的项目策划工作做出客观且详尽的评价。对于整体项目的总结可以为以后市政工程的实施提供引导，有效规避缺陷。项目策划的闭合性主要体现为在得出竣工评价结果后将结果反馈日常工作中，从而给市政工程在社会环境保护方面提供引导，实现持续性的完善，提高市政建设水平。

（三）引导群众积极参与社会环境保护

（1）及时关注政府发布的动态信息，距离施工点较近的居民施工难免造成噪声污染的现象，要提前做好施工前的准备，对于轻微影响生活但是符合标准的操作施工要保持良好的心态去交流沟通，不阻碍、不闹事，确保双方权益不受损害。

（2）发挥村委会或社区委员会的作用，积极配合市政工程的实施，定期开展社区会议，缓解因施工对群众造成不便而引发的不良情绪，确保社区的稳定。

（3）群众要自觉发挥监督作用，对于违规行为及时监督举报，坚决维护人民群众的利益，对于违规操作危及群众安全的行为要敢于行使监督权积极举报，维护社会环境的稳定。

（4）提高自身安全意识，远离施工现场，不聚群不看热闹，仔细观察警示牌，维护自身生命安全。

（5）积极参与问卷调查，反馈政府或企业的群众调查，合理提出要求，积极参与到市政建设中去。

第三节　城市道路建设可持续发展

环境保护与可持续发展是当今社会的两大主题，为了发挥公路事业对全面建成小康社会这一战略目标的支撑与先导的重要作用，公路建设必须坚持可持续发展战略，构建安全舒适的行车环境，协调好公路建设与自然生态环境保护的关系，为人民提供安全、便捷、环保的运输服务。因此，公路建设应坚决贯彻以人为本的理念，坚持走可持续发展道路，构建质量效益型、资源节约型及环境友好型的公路事业。

一、可持续发展定义、内涵及原则

（一）可持续发展定义

作为一个具有强大综合性和交叉性的研究领域，可持续发展涉及众多的学科，产生了不同的定义。生态学家着重从自然方面定义可持续发展，理解可持续发展是不可超越环境系统更新能力的人类社会发展；经济学家着重从经济方面定义可持续发展，理解可持续发展是在保持自然资源质量和其持久供应能力的前提下，使经济的净利益增加到最大限度；社会学家从社会角度定义可持续发展，理解可持续发展是在不超出维持生态系统承受能力的情况下，尽可能地改善人类的生活品质，科技工作者更多地从技术角度定义可持续发展，把可持续发展理解为是建立极少产生废料和污染物的工艺或技术系统。目前，在概括的意义上得到国际社会接受和认可的定义由布伦特兰夫人小组提出，指既满足当代人的需要，又不损害子孙后代满足其需求能力的发展。

(二) 可持续发展的思想内涵

可持续发展战略的思想基础是生态文明与人的和谐行动，准则是整体观念和未来取向；根本战略是控制人口、节约资源、保护环境；操作系统是政府行为、科技导向和公众参与。

在未来的发展战略中，其内涵概括起来有下述三方面：持续性、持续发展及持续利用；持续性指一种可以长久维持的过程或状态的特性，这种长久维持的过程或状态是以不破坏其原有系统结构和运动机能为最低限度，它是由生态持续性、经济持续性、社会持续性三部分组成。持续发展为既满足当代的需求，又不对后代满足其需求能力构成危害的发展战略，是不以破坏自然生态为代价的有效使用资源，以此满足人们需求的发展战略。持续利用指人们在开发利用资源时，对于可再生资源的开发速度不能大于其再生速度，否则将切断可再生资源的再生和生态平衡连续性的恢复，使其向着不可逆转的方向衰落、消亡。

(三) 可持续发展的原则

1. 以发展为主题

发展是人类共同的权利与需求，是国家实力和社会财富的体现。对于发展中国家，只有发展才能减少贫富悬殊，为人口骤增和生态危机提供必要的技术和资金。发展是可持续发展的前提，离开发展这个基础，可持续发展就无从谈起。

2. 体现公平

可持续发展要求现有的发展主体对自己的发展行动采取某种程度的自律。首先，体现未来取向的代际平等，它强调当代人在寻求自身发展的同时，承认子孙后代有同等的发展机会，不损害后人的生存发展和拥有的资源财富；其次，体现整体观念的代内平等，任何地区的发展不能以损害别的地区的发展为代价，特别是要足够充分地维护弱发展地区的需求，要求在区域内部和不同区域之间，从成本效益角度实现资源利用与保护两者的公平负担与分配。

3. 环境保护与资源限制利用

发展要以环境资源的支撑为前提，以环境容量为限度，与资源和环境的承载力相协调。发展的同时必须保护和改善地球生态环境，保证以持续的方式使用可再生资源，使人类的发展控制在地球承载能力之内。

4. 多元的价值观

在可持续发展前提下，衡量一个国家、地区或城市发展的指标不再为单纯的经济增长，它不仅包括经济增长，而且包括改善人类生活质量、提高人类健康、提高社会福利、协调生活环境等。最近世界各国已开始采用"人类发展指数"以代替传统的人均国民生产总值，以求更为全面地反映社会持续发展的优劣。

二、城市建设中的可持续发展观念

(一) 城市建设中必须贯彻可持续发展观念

改革开放多年来，我国的城市建设发生了巨大的变化。城市化引发的一系列问题逐步为有关专家学者所关注，掀起了探索在世界趋于全球化、知识经济、信息时代如何在生产建设中走可持续发展道路的高潮。

城市是国民经济的命脉。城市可看作一个有机的生命体，从功能上说，道路是它的血管，绿地是它的肺，政府是它的大脑，通信设施是它的神经，给排水是它的排泄渠道，等等。哪一部分出了问题，整个城市也就会出问题。城市包括建成区、城乡边缘带、郊区三部分，而城乡边缘带是实现可持续发展最关键的部位。目前，在我国城市建设中投入最大、发展最快的往往就是城乡边缘带，因为城市的扩展主要体现为城乡边缘带通过开发建设逐步变为新的建成区。城市建设中的偏差也往往出现在城乡边缘带的建设过程中。由于城乡管理机构、管理体制、管理方式的不同，城市建设管理的难点通常也集中于这个过程。当然，建成区也有旧城改造和公共基础设施更新改造、扩建、新建的管理问题，郊区也有农村建设、村镇建设和向城乡边缘带转变的管理、指导、控制问题。但是在目前我国城市化进程加速的情况下，如何在城市建设中以能力建设为动力和保障，实现以人为本的"自然—经济—社会"复合系统相互协调的发展，即如何在建设中实现城市经济社会的可持续发展，在新城区建设中问题最集中、最突出、最迫切需要解决。

(二) 城市建设中可持续发展观念的内容

目前，我国城市化进程正在全面提速，与它相联系的城市道路交通建设也在全国范围内大规模、高速度地进行。在城市建设中，必须始终全面坚持可持续发展的观念。

1. 自觉控制城市建设规模、速度、方向、结构的观念

城市建设是人类一种有意识的经济活动，它受到一系列主客观因素的制约，不能无限扩大、随意进行。可持续发展要控制三个变量，即"能源""生物多样性"和"空间"。在空间控制上要着重控制城市空间，因为人类生存的空间必须与能源 (以及清洁的水源和其他资源) 的可持续供应能力相适应，与生物多样性和谐共存所需要的空间相协调。城市是人类活动高度密集的空间，实际上是用空间换取时间，即通过高密度的空间聚集实现城市生活节奏的加快来节省时间。但城市的快节奏生活又以能源、水资源和其他资源的高消耗为代价，以挤压占领自然界各种生物的生存空间和生物多样性的恶化为代价，这样的城市空间扩展和作为其先行措施、基础活动的城市建设是缺乏可持续性的，从长远、从人与其他生物共有的唯一家园即地球的整体来看，也是得不偿失、弊大于利。

2. 城市建设与环境、社会、经济动态协调的观念

城市建设中的经济、环境、社会"三位一体"协调发展，要求城市建设不仅承担起为城市经济、周边区域经济以及国民经济可持续发展提供基础条件和先行结构的功能，而且承担起保护环境、美化环境、改善环境 (包括维护生态、节约资源) 的功能，以及服务社会、便利社会、安定社会、凝聚社会 (包括稳定人口、改善人口) 的功能。城市建设过程中必须重视这三种功能的动态协调和全面兼顾，使城市经济、社会、环境在动态协调状态下实现可持续发展。

城市建设的经济功能主要是为人类在空间上高度聚集的经济活动提供完善的基础设施、服务设施和充分有效的集中空间。从可持续发展战略角度来看，城市建设必须在为人类的城市经济活动提供日益改善的适宜空间的同时，也为人类其他方面、其他类型的经济活动保留足够的、未被城市建设活动破坏的完好空间，并为人类世世代代可持续经济活动保留进一步开拓城市空间的余地。这就要求在城市建设中必须兼顾城市与非城市，兼顾目前和未来，兼顾建设和保护，兼顾城市建设的局部直接经济效益和整体长期经济效益。

城市道路建设的环境功能主要是实现城市建设活动与环境（包括自然环境、人文环境、生态系统、自然资源以及历史文化资源等）的良性适应。应该从可持续发展的视角，把城市道路看作一种兼具自然特征与人文特征的复合生态系统，并保持这个系统的动态平衡和自我完善。在城市道路建设中，从建设规划阶段就要充分重视建设形成的人造环境与自然环境的协调，重视建设形成的人类聚集空间与大自然生态空间的协调；在城市道路建设的施工阶段，要特别强调采用"绿色"设计、"绿色"技术、"绿色"工艺和"绿色"材料，强调对环境、生态的保护和对资源的节约使用。

总之，城市道路建设要全面兼顾经济功能、环境功能、社会功能（包括文化功能，特别是美学功能），协调城市道路建设与经济、环境、社会的关系，让居民在赏心悦目、方便舒适的城市中享受现代城市文明的成果。

3.城市道路建设与伦理道德文明建设综合配套的观念

城市道路建设属于物质文明建设活动，它必须与精神文明建设、政治文明建设同步进行。"以人为本"的发展观就是一种关心"每一个人自由而全面的发展"（马克思语）的崇高的伦理道德观念，是现代精神文明的体现。从可持续发展的角度看，"以人为本"就是要让每一个人都共同享受发展带来的利益，而不论这个人是有钱人还是穷人，是城里人还是乡下人，是发达国家的人还是发展中国家甚至最不发达国家的人，是目前正在从事经济、文化等活动的人还是下一代人乃至许多代以后的人。城市道路建设的"文明施工"，不仅是对施工现场的建设人员而言的，而且是对城市道路建设的指导思想、规划设计、建设施工、监督管理等整个系统、整个过程、整个活动和所有参与者而言的。

因此，城市道路建设的服务对象绝不能局限于城市的现有居民，更不能为了这一部分人而损害、牺牲其他人的利益。城市建设应该尽可能地少占耕地，以免在保障城市居民利益的同时损害农民利益；如果因道路建设需要而不得不依法征用耕地（以及牧场、经济林等），就必须给被征地者合理的经济补偿，并在可能时安排好其中有劳动力者的就业出路。城市道路建设不得向城外倾倒建筑垃圾和向非城市居民输出污染。城市道路建设在规模、速度等方面的自觉控制也具有文明道德方面的意义，不能为了目前这一代城市居民的利益而占用过多土地，以致后代人没有足够的生存空间和发展余地；不能超过城市现有财力而搞太大规模的城市建设，不论是借长期债务来填补资金缺口，还是紧打紧算搞"半拉子工程"或不配套、不完整的城市道路建设，都是对子孙后代利益的侵犯，都可能妨碍后代人的发展。城市道路建设如果技术、工艺、效率水平低，也可能占用和浪费过多的资源，同样对不起子孙后代。

4. 通过城市道路建设不断自我提高、自我完善的观念

可持续发展战略要求全面建设人的科技能力、体制能力、教育能力，以人的全面发展保障经济、社会、环境的可持续发展，以后者的可持续发展实现人的能力与素质的全面发展。从可持续发展的角度来要求城市道路建设中的能力建设，就不仅要通过城市道路建设形成和提高城市的经济能力（包括生产能力、流通能力、服务能力、经营管理能力、创新能力等），而且要通过城市道路建设提高城市和全社会的科技文化能力、组织制度能力、思想影响能力等，使城市道路建设成为人类不断进步的"火车头"，成为人类自我提高、自我完善的重要手段。

在城市道路建设中，城市建设的科技文化能力包括两个方面要求：一方面，应当在城市道路建设中积极应用当代优秀科技成果，采用高效率、高精密度、高处理能力的先进技术设备，提高城市道路建设活动的科技含量和科学水平。例如，深圳市在全国最早建立达到国际先进水平的国土管理信息化系统，云南建工集团也建立了相当先进的管理信息系统。这样，就可以在科学理论的指导和科学方法、科学手段的支持下，更好地实现城市道路建设的自觉控制，城市道路建设与经济、环境、社会的全面协调，以及城市道路建设与精神文明建设的密切配合；另一方面，应当在城市规划设计和建设实践中，注重设计和建设数字化城市，用现代信息技术、计算机控制技术和网络

技术武装城市，全面提高城市经济生活、文化生活等的实时化程度、敏捷程度、灵活程度、有效程度、合理程度、协调程度、开放程度和国际化程度。

三、城市道路建设可持续发展的策略

(一) 正确做出城市道路交通现状调查

从影响路网容量的因素看，道路基础设施作为机动车交通的载体只是反映了硬件条件。除此之外，路网的承受能力与城市交通宏观政策和管理也具有密切关系。这方面牵涉到对私人机动车的使用和管理政策、对出租车发展的政策和对外来车辆的管理政策等。应调查、收集的资料包括：交通网络结构及道路几何要素资料、历史道路交通量及流向资料、现有交通管理设施及效果资料等。道路网究竟能承受多少机动车保有量，这是城市决策者需要把握的问题。要对交通发展的进度做出正确评估从而合理地分配和使用道路资源。

(二) 制定交通发展策略，为城市交通提供必要的管制和调控

交通系统的规划是城市规划的有机组成部分，在国家总体规划的框架之下，交通系统发展的基本目标应是建立整合、高效、经济的道路交通网络，并使之持续满足国家、人民的需要。在确保环境质量的前提下，优化利用现有交通资源和保证公共交通的通畅。如今中国的大中城市，随着人流量、车辆的骤增，交通堵塞、拥挤现象越来越严重，而城市的地理条件也决定了不可能通过扩张来适应不断增长的交通需求。那么就只有充分发挥现有土地与交通资源的潜力，合理控制交通需求的增长，才有可能用有限的资源保证道路交通战略基本目标的实现。

(三) 制订高水平的设计方案

市政道路多为政府财政筹集资金，在确定质量、进度、投资目标时有可能产生较大的随意性。另外，市政道路设计时要结合本城市的近期规划和长远期规划，综合考虑与给排水、电力、燃气及通信等管线的平面布置和交叉，避免发生大幅调整路线和管线布置冲突等现象。因此，建设单位在整个

设计过程中要与设计单位保持良好沟通和联系，协调好各个管线单位间的关系，尽可能让设计单位交出高水平的设计方案。

(四) 制定科学的城市交通发展模式

宏观交通发展战略规划的目的是制定城市交通发展政策，影响、优化交通结构。优化城市交通结构的本质是优化城市道路资源的利用。它通过交通政策的引导来实现，而政策的实施需要强有力的保障体系。在制定城市交通发展模式的过程中，应重视发展的观念。只有通过发展，逐步实现城市和国家的现代化，问题方能解决。机动化汽车技术要发展，城市也要发展，要通过城市的发展，适应城市机动化进程和汽车技术的合理发展。对城市建设用地的发展和道路交通设施的建设资金给予必要的保证。要有可持续发展的观念，近期的发展建设不要为远期的发展制造障碍，不能只顾经济效益而忽视社会效益和环境效益，要为远期的发展留有余地。

(五) 加大立法执法力度并大力宣传交通法规

发达国家和地区的交通管理经验告诉我们，要管理好城市道路交通，既要建立切实可行的法规体系，并严格执行，又要使市民自觉遵守交通法规，让人人都参与交通管理，才能把城市交通管理好。首先，成立城市交通对策委员会。研究协调解决城市交通问题，从供求方面采取措施，科学制定交通法规进行综合治理。其次，严加治理交通污染。集中科技力量攻关，消减汽车尾气。严禁汽车喇叭鸣放的规定要继续执行，尽力制止和避免对城市交通规划管理的人为干扰，维护管理法规的严肃性。

(六) 建立快捷高效的城市公共交通运输体系

统一对快速路、主干道、次干道及支路的认识，明确各类道路的技术标准、用地布局及交通管理要求，倡导系统性原则、远近期结合原则。为适应城市交通的机动化挑战，道路规划设计标准必须体现可持续发展思想，应大力提倡"高标准规划，严过程管理"，必须进行城市机动车、非机动车、行人专用系统设计，实现交通空间分流。此外，还必须大力开展交叉口改造设计和管理，借助平面交叉口使通行能力大幅度提高，实现节点通畅。

四、城市道路可持续发展的保障体系建设

(一) 打造城市道路可持续发展的保障体系

1. 建立城市道路综合管理长效机制

城市道路的规划、设计、建设和管养，这四个环节是一个有机整体，密不可分，但目前我国却将这四个环节分别归属不同的部门管理。这种分割管理模式容易产生各自为阵、政出多门、职能不清的弊端，导致城市道路建设管理缺乏协调性、一致性和长远眼光。因此，成立包括上述各部分的政府综合协调机构，建立城市道路从政策研究制定到实施推进，从规划建设到管理，从技术标准规范制定到专业技术培训执行的一体化协调管理机制，可有效提高城市道路建设管理的效能和效益。对城市道路设施实行以政府决策为主导、专家和市民多元主体参与和监督的建设路线，能促进对城市资源的高效配置和使用，是实现城市道路可持续发展的重要保障。

2. 健全城市道路管理法规规章体系

城市道路法治化、规范化建设管理是城市道路可持续发展的法治保障。为解决城市道路可持续发展问题和各地执法依据及管理办法不足的矛盾，可以采取以下几点措施：一是尽快完善已颁布法规和管理文件中对城市道路管理的空白之处；二是可以结合发展需求推出新的行政规章和规范性、政策性文件并在实施中完善，逐步完善规章政策体系，这样可以在很大程度上缓解当前依法行政与管理滞后的矛盾。

3. 形成城市道路发展资金保障制度

资金问题是制约城市道路发展的瓶颈之一。为保证城市道路的可持续发展，应采取多种投资渠道，加大道路资金投入，加快形成城市道路建设、管理和养护维修资金稳定、规范的财政投入机制和资金管理制度。根据我国实际情况，借鉴国际经验，可选用的城市道路建设投资渠道有：将车辆购置税费燃油税的一部分作为城市道路建设资金，鼓励城市开辟多种渠道筹集建设资金并制定建设资金筹集管理办法，鼓励银行等金融机构参与城市道路建设投资，鼓励民间资本参与城市道路建设投资并制定相应政策。

4.加大技术保障、人才队伍的建设力度

(1) 技术保障

完善城市道路技术标准和规范，与时俱进地适度超前规划建设，加强城市道路管理，保障道路完好，发挥设施功能，促进经济社会和城市道路的可持续发展。

(2) 人才培养

城市道路领域技术人员的专业背景主要包括土木工程、交通工程、市政工程、城市规划及道路工程等相关专业。为适应城市道路快速发展，壮大道路建设和管理人才队伍，满足可持续发展的需要，必须加强城市道路技术专业人才和市政相关人才的教育和培训。

(二) 实现城市道路可持续发展的配套措施

1.城市道路可持续发展的规划

(1) 实施适度超前战略，促进经济社会发展

以往的城市道路规划前瞻性不足，规模标准不尽合理，难以达成预想目标。不少城市道路在红线规划时，往往仅注重道路路幅宽度，并未考虑快慢车道的合理分配及断面形式的远近期结合，对道路两旁的建筑用地控制也不充分，难以立足未来渐进发展。基础设施建设对促进城市经济发展有重要作用。为跟上经济增长和生态文明建设步伐，发挥城市道路全局性、先导性及基础性作用，必须实施道路规划建设投资适度超前战略，以满足设计寿命和相当时期的交通发展需要。

(2) 提倡路网系统规划，做到近远期结合

为适应城市交通的机动化挑战，道路规划必须体现可持续发展思想，通过道路功能的合理定位，促进城市经济发展。必须进行城市机动车、非机动车、行人通行系统设计，实现交通空间分流。对于分期实施道路，在道路断面分配时可适当考虑较宽的人行道、分隔带，而不必将远期所需机动车道宽度一次建成，待需要时再进行道路拓宽改造。

(3) 贯彻"以人为本"原则，凸显城市人文积淀

城市道路交通的核心是为人服务，在道路规划时，必须重视街道景观及居民步行空间等要素，进而改善市民出行环境，营造良好宜居空间。规划

决策必须高瞻远瞩，不能就规划谈规划、就道路谈道路，应当有重点、有选择地保护部分景观优美、历史文脉深厚、具有代表性的历史街区，实现历史文脉的传承和发展，不因满足当代人的需求而对后代利益造成损害，从而实现城市道路与生态文明的和谐发展。

(4)坚持整体观念，完善路网规划

以往城市在道路规划中，存在重视主干路、忽视次干道、支路的建设现象，导致路网级配不合理，违背城市道路可持续发展的有序性、协调性原则。经验表明，从快速路、主干路至支路，合理的路网级配应为"金字塔"形，而我国绝大多数城市路网结构却为"倒三角""纺锤"形，支路网密度指标远小于国标要求。因此，应大幅度提高路网密度，尤其是支路及次干路网密度，调整路网层次结构，提高路网的整体供应和服务水平。

(5)立足创新提高，完善规划设计标准

我国现行的《城市道路交通规划设计规范》其前身是《城市道路设计规范》。两部规范施行、修编间隔时间太长，跟不上时代发展需要，导致可执行力不强。为提高城市道路规划设计的科学性和合理性，应该及时修编规范，增强适用性、强制性和可操作性。

2.城市道路可持续发展的设计

(1)提倡人性化城市道路设计理念，完善道路设施功能

城市道路不仅要发挥交通功能，还被赋予了生活服务功能和文化艺术功能。可持续发展要求我们更加注重道路设计的文化、环境、艺术等方面的要求，将城市道路功能细化，注重市民拥有良好的生活空间。道路设计还应考虑伤残人、老人和儿童等行走不便群体的特殊要求，注重盲道、无障碍设计。城市交通系统、通信设施系统、能源供应系统、给排水系统、城市环境系统和城市防灾系统等各类依附道路的设施要求同步设计。

(2)重视交叉口渠化设计及改造，消除道路"瓶颈"现象

以往的道路建设往往忽视慢行系统设计，造成道路交通流在同一断面混合行驶，交叉口机动车、非机动车和行人相互干扰严重。路段与交叉口(或桥梁)通行能力不匹配，严重制约着道路功能的发挥，甚至影响城市整体运行。因此，对于新建道路，必须根据车辆几何尺寸、设计时速等指标进行横断面优化和交叉口拓展；而在城市建成区，由于受自然、人文、环境、经

济等因素制约，进行道路大幅度建设及现状道路全线拓宽已不现实，所以更要通过交叉口渠化、桥梁拓宽等方式实现节点通畅，提高道路通行能力。

（3）降低能源消耗和对环境资源的破坏

道路设计应考虑节约能源和材料，使用环保节能、可重复利用材料和便于日后养护维修的材料，提高材料耐久性和使用寿命。应在工程方案中优化结构设计，减少原材料消耗，把对自然环境、资源的破坏降到最低。道路景观应合理利用原有环境资源和历史文化背景，尽可能保持所在地区生物多样性并降低对自然环境影响，不盲目追求人造效果，使道路和周边环境有机结合、相得益彰。

3.城市道路可持续发展的建设

（1）把城市道路工程质量放在首位

要保证城市道路工程质量，首先，设计、建设、监理、施工各方应履行好自己的职责，以工程的高质量为前提，发挥各自的优势，密切合作、协调管理，从根本做好质量控制。对于道路质量通病，应采取有效解决办法。其次，应避免将城市道路"民心工程"异化为"面子工程"的情况出现，这将导致施工工序难以规范操作，使工程质量控制流于形式。

（2）应用先进技术和工艺

推行先进的施工材料、机械设备和工艺方法，从而提高工效、保证质量、缩短工期、节省投资，取得最佳社会经济环境效益。譬如，相较以前的沥青灌入式道路，推广厂拌灰土路基、水泥稳定碎石基层、沥青混合料面层的结构组合，既可保证质量、节约工期，又可减少对环境的污染。

（3）在建设过程中尽可能减少不良影响，从而提高可持续性

具体措施：第一，尽量减小交通干扰；第二，降低施工噪声；第三，使用环保节能、可再生材料；第四，维护、保护好公共设施；第五，在施工期保证通过车辆、行人的安全；第六，杜绝工地、运输扬尘和污染物排放；第七，尽量减少建筑垃圾等。

4.城市道路可持续发展的管理与养护

（1）加大城市道路管理养护经费投入，改变"重建轻养"现象

将思想理念从"重建设、轻管理，重大修、轻养护"向"建设和管养并重"转变。随着城市路网结构的日趋完善，养护管理将逐渐成为道路系统重

点工作。积极实施道路预防性养护策略，可有效延长道路使用寿命、保持道路完好率和平整度、发挥城市道路设施功能、降低道路寿命周期成本、延长中修及大修期限，实现城市道路的可持续发展。

（2）理顺行业管理体制，明确权责关系，规范和促进行业发展

城市道路具有系统性、突发性、时效性、社会性等特点，其运行涉及城市生活、社会民生和公共利益。道路管理部门和单位为此承担着高度的社会责任和职业义务，必须理顺市、区等分级关系，保持政令畅通、形成合力，落实各级责任并形成长效机制，对路网实施统一管理或监管，促进行业均衡健康发展。

（3）构建管理信息系统，规范行业改革发展

城市道路管理信息系统包括整个城市道路的空间信息系统，能输入大量的道路相关地理信息并对其进行动态描述，可为道路的规划管理提供科学准确数据。鉴于城市道路养护管理改革理论在指导全国工作方面基本处于缺位状态，没有规范的、统一的、具有宏观指导意义的养护管理方案。建议国家针对市政管养行业目前的整体现状和存在症结，制定规范市政管养行业改革与发展的指导性政策文件。

（4）完善道路挖掘许可、道路占用管理程序

首先，将所有行政许可及行政处罚进行网上阳光运行。其次，严格按照规定的要求，对城市道路挖掘行为进行全方位的监管。完备各类监管台账，做好相应的监管工作。进一步明确市、区在管理、执法上的责任范围、职责、权限，加强对违法占用、违法挖掘以及后挖掘、占用行为的监管工作。最后，加强信息沟通，建立完善的信息平台，对任何损害市政设施的行为，及时沟通、及时查处、及时反馈和信息共享，提升管理现代化水平。

第二章　城市规划

第一节　城市规划概论

一、城市的基本内涵

(一) 城市的概念

世界的文明与发展无不与城市密切相关，而城市广泛存在于世界上所有国家。在任何一个国家或地区的经济生活、文化生活以及社会生活中，城市都处于中心地位，并起着主导作用。

立足于不同的观察视角和研究目的，对于城市有不同的理解和认识。地理学强调"城市是一种特殊的地理环境"。从经济地理学的角度来看，城市的出现和发展与劳动的地域 (地理) 分工的出现和演化分不开。这一点就决定了城市的生产职能，即通过工业、交通、贸易为城市及其腹地提供产品和服务。社会学侧重研究城市中人的构成、行为及关系，把城市看作生态的社区、文化的形式、社会系统、观念形态和一种集体消费的空间。经济学关注为各种经济活动的开展提供场所的城市，认为所有城市的基本特征是人口和经济活动在空间的集中。用经济学的术语说，城市是坐落在有限空间地区的各种住房、劳动力、土地、运输等相互交织在一起的网状系统。城市经济学把各种活动因素在一定地域上的大规模集中称为城市。生态学把城市看作人工建造的聚居场所，是当地自然环境的一部分。城市生活所需要的一切都依赖于它周围的其他区域 (它的腹地或其他城市)，城市既对其所在环境起作用，又受其所处环境的影响。建筑学与城市规划学则将城市的空间环境的营造视为己任，认为城市是由建筑、街道和地下设施等组成的人工系统，是适宜于生产生活的形体环境。行政管理工作者则将城市标准化为人口总数或人口密度达到一定数量以上的居民点。

以上各种解释从不同的侧面阐释了城市的内涵，但仅从某一方面、某一角度是不可能总结出城市这一包罗万象、错综复杂的现象和本质的。不仅如此，城市是一定时期经济、社会及文化发展的产物，它总是随着历史的发展和特殊需要而变化。从城市规划的角度而言，城市是一个以人为主体、以空间有效利用为特征、以聚集经济效益为目的，通过规划建设而形成的集人口、经济、科学技术与文化于一体的空间地域系统。这一概念涵盖四方面的含义：第一，城市的人本性。城市是为人的福利提高、人的能力建设而存在的。第二，城市的聚集性。城市是最节约的空间资源配置形态。第三，城市规划的必要性。城市规划是实现科学管理的有效方式。第四，城市的多元性。城市是区域的社会、经济、文化中心。

（二）城市的规模标准

城市常常被划分为不同的种类与级别。基于人口的多寡和规模的大小，城市可分为不同级别，如大、中、小城市等；基于城市的功能不同，可分为各种类型的城市，如首都或省会等行政中心、服务中心城市、卫星城市等；按照城市主导产业的不同，可以分为工业城市、商业城市、旅游城市、矿业城市等，它们无论在内容上、作用上、空间结构上、环境上都各具特殊性。为统计应用上的方便，各国常以一定聚集人口数量作为区分城市与乡村的标准，但具体标准又有所不同。

中国政府对于城市的界定主要依靠规模和行政制度两个标准。对于城市的规模标准，《中华人民共和国城市规划法》(2019修) 规定："大城市是指市区和近郊区非农业人口五十万以上的城市。中等城市是指市区和近郊区非农业人口二十万以上、不满五十万的城市。小城市是指市区和近郊区非农业人口不满二十万的城市。"《中华人民共和国城市规划法》(2019修) 规定：城市"是指国家按行政建制设立的直辖市、市、镇"。这就是说，法律意义上的城市是指直辖市、建制市和建制镇。中小城市已成为中国经济社会发展的重要支撑，中小城市的规模也逐渐在扩大。随着中国人口和经济的增长，城市的划分标准也需要做相应的调整。由中国中小城市科学发展高峰论坛组委会、中小城市经济发展委员会与社会科学文献出版社共同出版的《中国中小城市发展报告：中国中小城市绿色发展之路》提出，按人口数量重新划分城市等级，市区常住人口 50 万人以下的为小城市，50 万～100 万人的为中等城市，100 万～300 万人的为大城市，300 万～1000 万人的为特大城市，1000 万人以上的为巨大型城市。

二、城市发展的规律

城市是物质财富和精神财富集聚之地，是历史发展的产物，它的发展具有很大的不确定性，但又具有自身的客观规律。

(一) 城市现代化的发展规律

现代化既是一个经济范畴，更是一个社会、文化范畴，它包括经济、社会、文化等多个方面。现代化既反映经济的发展，又反映科技的进步、知识的创新、文化的繁荣，体现社会经济运行效率和人们生活质量的不断提高以及人们思想观念和思维方式的不断更新。城市现代化的基本内涵可以概括为：经济上的工业化与市场化，行政管理上的民主化与法治化，城市发展的国际化与都市化，科技与知识的创新及社会信息化，社会生活的公平及生活质量的优化，经济社会发展的可持续化与协调化。城市现代化表现为以下几方面。

1. 人口大量城市化

人口大量城市化是城市现代化的重要标志。乡村在生产生活方面缺乏效率与质量，而日渐成熟与完善的城市则能满足人口在生产、生活以及心理等方面的需求，因而定居城市成为很多人追求的目标，区域人口大量城市化。

2. 产业不断高级化

产业结构变动有其自身的规律，一般而言，产业结构的变动遵循"第一产业的比重快速下降，第二产业的比重大体保持不变或略有上升，第三产业的比重则大幅度上升"这一变动规律。城市经济的发展也遵循这一规律，城市现代化的进程就是高新技术不断产生、现代技术对传统工业加以改造、现代服务业与新型服务业不断涌现、传统服务业逐渐减少的过程。

3. 社会结构逐步优化

城市社会结构是与城市发展水平相联系的。随着城市发展水平的提高，城市社会结构也趋于优化。一个现代化城市的社会结构：社会组织（包括正式组织与非正式组织）完善而高效，城市阶层结构合理、高度民主。城市现代化就是不断改善城市社会结构，使其趋于完善合理的过程。

4.市民素质不断提高

市民素质好比城市发展的软件，高素质、有理想的市民是城市不断发展的动力，是创造巨大社会财富的保证。城市现代化发展进程中，市民素质的提高既包括精神层面上市民意识的提高、能力层面上知识水平的提高，还包括行动层面上生活方式的日益文明化。从国内外城市发展的历程可以发现，城市居民在教育水平、公德意识、生活方式等方面都相比过去有较大提高，而且层级越高的城市市民社会公德意识往往越强。许多发展中国家的城市基础设施得到完善，高楼大厦、交通通信都接近发达国家城市的水平，但市民素质仍相对较差，对城市文明、现代化的进程产生了影响。

（二）城市发展的空间变化规律

城市经济基础理论和城市进化理论都认为，城市的发展过程是相似的，遵循着客观的规律性，但这并不是说城市是均衡发展的。事实上，城市在空间与时间范围内是非均衡发展的。这种非均衡发展规律表现为城市在不同阶段所表现出来的空间集聚、空间扩散以及两者的结合。

1.城市空间集聚

集聚是城市空间存在的基本特征与形式，表现为向心聚合的倾向和人口增加的趋势。城市具有强大的集散、运输、商贸、服务、信息等综合功能，能够为经济活动提供金融、信息、技术服务，拥有完善的基础设施，形成了一定规模的劳动力和庞大的市场消费群体，从而使得各类经济活动在城市的集聚能够获得更高的效率。城市空间集聚不仅可以使城市成为一个区域经济活动的中心，而且可以使已成为经济活动中心的城市带动整个区域的发展，实现程度更大的集聚。城市空间集聚表现为人口、产业向中心城市的集中与中心城市的膨胀。

促使城市空间集聚的几个动力因素有人口增长、农业生产率提高、工厂化生产、低成本交通以及高层建筑技术等。在城市空间集聚的过程中，人口与产业的集中使得城市基础服务设施得以兴建和改善，有助于商业、金融、贸易等第三产业的兴起，促进了科学、文化、娱乐、教育等设施的兴建，使城市成为科技发明的摇篮……这些反过来又促进了城市进一步发展。19世纪，欧美国家城市变得越来越普遍，工业向城市尤其是城市中心地区的集中越来越迅速，城市人口也越来越稠密。

然而，城市空间集聚在产生规模效应和经济效益、推动社会发展的过程中，会出现工业生产和人口的过度集聚，势必会产生消极影响，导致集聚的不经济。例如，城市的工业企业和人口密度越大，环境污染就越严重，交通就越拥挤，职工上下班时间就越长、费用越高，土地和住房的价格就越贵，贫富差距和社会治安恶化等社会问题就越严重。所有这些，使得集聚的效益随城市规模的扩大而递减，导致生产企业和人口逐渐向边缘地区转移，出现了扩散的过程。

2. 城市空间扩散

城市成长与发展的过程，是人类生产和生活活动聚集的过程，但同时又是一个扩散的过程。扩散表现为一种离心的运动趋势，是城市空间向外扩张、蔓延和创新行为在地域空间的传播过程，是与空间集聚相反的一种经济活动的空间运动方式。城市的枢纽功能和主导作用是通过其扩散机制完成的，即空间扩散是城市实现其功能的基本方式之一。城市正是通过这种扩散机制与区域资源共享、优势互补，实现与区域的一体化发展的。城市的等级规模越大，扩散的作用就越强，扩散的范围就越广。

扩散是物质和文化在空间的转移，通过多种渠道和多种方式进行。就其内容而言，主要有工业、科学和技术、资本、信息、商品、服务、文化和思想。就形式而言，在世界范围内，是城市化水平高的发达国家向城市化水平低的发展中国家扩散；而在一个国家范围内，则是城市化水平高的地区向城市化水平低的地区，也就是大城市向周围边缘地区的扩散。

扩散的另一个现象是，随着工业化阶段的变换，一些老工业城市由于市场需求发生变化而进行产业调整，由此出现工业生产下降、就业机会减少、城市活力减弱、人口外迁。在20世纪的70年代和80年代，那些以制造业为主要经济部门的城市和地区，如美国的匹兹堡、英国的利物浦、法国的里昂等，都出现了因工业老化而导致的城市化扩散。

3. 集聚与扩散的统一

城市是集聚与扩散发展的统一。集聚与扩散不仅仅相对于空间而言，也包括城市体系中人口如何分布在不同的城市。集聚与扩散是经济和人口在其分布动态过程中所呈现的非常复杂的对立统一的过程。集聚与扩散往往交叉同步进行，集聚过程中有扩散，扩散过程中有集聚，其主要倾向因地因时而异，并随条件变化而相应变化，而且集聚或扩散过程中的要素组成及其引起的城市实体也呈现出多样化。

集聚与扩散的内在经济机理可表述如下：在地域空间经济活动中，经济增长并不是均匀扩散的。市场经济的作用力一般是趋向于强化城市间的不平衡性，一旦某一区域由于初始的优势而比其他区域优先发展，这个区域将形成累积优势，并通过"集聚效应"，不断吸引外围或不发达地区的各种资源（如资金、劳动力等）向中心地区流动。当中心区域的经济发展到较高水平时，就会产生"扩散效应"，促使资金、技术等资源向外围流动，推动外围地区经济的发展。

在集聚与扩散机制的双重作用下，城乡空间格局发生着演化和交替。随着城市要素资源的不断集聚和扩散，城市化水平在不断提高，城市之间的空间关系也在不断变化。典型的区域空间格局由中心—外围型的"城乡"关系格局发展为以中心城市为增长极、周边城市为卫星城市的都市圈、城市群，如中国当前的长江三角洲、珠江三角洲城市空间格局。

(三) 城市集群的发展规律

随着经济全球化进程的加快，城市之间的经济网络日渐密集，在城市发展水平高的国家和地区，各种城镇群体空间集群现象普遍形成。大都市区（都市圈）是城镇群体空间集群的最初形式，当核心城市的辐射区域进一步扩大、周围区域的城市化水平进一步提高、区域内城市间的往来进一步增强时就形成了城市群，城市群的范围进一步扩大就形成了都市连绵区。

大都市区（都市圈）的提法源自美国和日本。大都市圈的界定标准："中心城市为中央指定市，或人口规模在100万人以上，并且邻近有50万人以上的城市，外围地区到中心城市的通勤人口不低于本身人口的15%，大都市圈之间的货物运输量不得超过总运输量的25%。"

城市群是一个相对更大范围的城市集合体的概念。由几个大城市和众多中小城市组成，形成具有一定功能的地域综合体。城市群的发展水平代表着一个国家现代化的发展水平。当代全球性国际城市无不以周边地缘城市群为区域发展的空间和广阔腹地，在自身发展的同时，带动了周边相当数量的城市共同完成了现代化和国际化的历程，最终形成区域内各城市间功能分工明确、经济全面合作、互为依托、网络化发展的共同参与世界区域经济竞争的城市集合体。

世界上都市圈和城市群最初多位于经济发展速度较快、城市化水平较高的美国、西欧和日本。美国的三大城市群都分布在制造业发达的地区，包括波士顿—华盛顿都市连绵区、芝加哥—匹兹堡城市群和圣迭戈—旧金山城市群。波士顿—华盛顿都市连绵区是分布于美国东北部大西洋沿岸平原，北起波士顿，南至华盛顿，以波士顿、纽约、费城、巴尔的摩、华盛顿等一系列大城市为中心地带，以40多个中小城市为次中心的超大型城市群，面积约13.8万平方公里（占国土面积的近1.5%），人口约4500万人（占全国人口的20%左右），城市化水平达90%，是美国经济核心地带。城市群内各城市都有自己的特殊功能，都有占优势的产业部门，城市之间形成紧密的分工协作关系。

中国在城市化快速推进的过程中，城市的空间分布不断密集，大城市周边的卫星城镇不断壮大，相继出现了具有一定规模的都市圈。例如，首都都市圈、上海都市圈、南京都市圈、苏锡常都市圈、武汉城市圈等。随着大城市辐射带动作用及综合功能的不断增强，城市间开放度加大，市场纽带作用加强，区域一体化态势形成，自20世纪90年代以来，中国正在崛起一批初具规模的城市群。以上海为中心、南京和杭州为次中心的长江三角洲城市群，横跨江浙沪两省一市，共有各类城市55个；以广州和深圳为中心的珠江三角洲城市群，共有各类城市24个；以北京和天津为中心的环渤海城市群，共有各类城市52个。这三大城市群不论从人口和产业的集聚程度，还是从中心城市规模和总体城市数量而言，都已具备大都市连绵区的基本特征。此外，中国还出现了一大批正在形成的城市群雏形，已露端倪的有山东半岛城市群、辽中南城市群、中原城市群、长江中游城市群、海峡西岸城市群、成渝城市群和关中城市群。除上述十大城市群之外，以长株潭为中心的湖南中部、以合肥为中心的江淮地区、以长春和吉林为中心的吉林中部、以哈尔滨为中心的黑龙江东南部、以南宁为中心的北部湾地区、以乌鲁木齐为中心的天山北坡地区等都有可能发展成为我国新的规模较大的城市群。处于城市群中或者边缘的城市在做城市发展战略与规划时,必须考虑其在所在城市群中的定位以及城市群的发展趋势。

三、城市化与城市发展的一般规律

(一) 城市化的内涵

城市化,也有学者称之为城镇化、都市化。不同的学科从不同的角度对其有不同的解释,国内外学者对城市化的概念分别从人口学、地理学、社会学、经济学等角度予以了阐述。

从人口学角度来看,城市化被定义为农村人口转化为城镇人口的过程,具体是指"人口向城市地区集中或农业人口变为非农业人口的过程"。从社会学角度来看,城市化就是农村生活方式转化为城市生活方式的过程。城市化的根本目的是提高人民的生活水平,改善人民的生活质量,提高人类社会的整体发展水平。从经济学角度来看,城市化是农村经济转化为城市化大生产的过程,城市化是工业化的必然结果。

可以发现,城市化有着丰富的内涵,不同学科对城市化的界定虽有所侧重,但是关于城市化本质的理解基本能够达成一致。简单来说,城市化就是人口从农村地区向城市地区集中的过程。与之伴随,城市数量不断增加,城市规模不断扩大,城市人口不断增长,农业人口逐渐变为非农业人口,城市基础设施和公共服务设施不断提高,人们的生产方式、生活方式以及价值观念发生转变,生产力水平不断提高,等等。

(二) 世界城市化水平比较

衡量城市化水平的指标很多,如城市人口比重、城乡人口比、城市化规模、人口集中程度等。其中,城市人口比重是许多国家、多种学科学者共同采用的指标。可以说,人类经济社会活动的空间分布结构已经进入以城市为主的新阶段。

第二节 城市基本规划

一、土地使用规划

土地使用规划是指关于规定范围内的土地怎样使用的规划。土地的定义包括填海地、开荒地等规划使用的土地。然而，使用的概念延伸的广度会影响其内容，如铁路、公路、给排水管网等的土地使用如果不加以区别，则会变成最广义的土地使用规划，使土地使用规划和城市基本规划成为大致相同的概念。因此，在这里将交通规划、城市设施规划等和土地使用规划作为同级别的规划分别论述。

(一) 历史背景

土地使用是个人或者团体 (包括企业和公共机构) 拥有土地使用权后，通过开发行为 (土地的开发、改造或建筑、构筑物的设置和改建)，使得未被利用的土地得以利用。因此，个人和团体的最终意志是土地使用的决定性因素，而个人和团体意志往往是在社会组织中形成的，有下面几个重要影响因素。

第一，自然因素：地形、地基、土壤质量、水、绿化、景观；第二，经济因素：自由竞争、资本实力；第三，社会共同体因素：近邻协议、习惯、道德；第四，权力因素：法律、条例、行政指导；第五，上述之外的个别因素：个人及集体的意志 (显在、潜在)。

这些虽然是每个居住用地的土地使用的决定因素，但其集合的结果就是一片区域土地使用的实现，乃至城市整体土地使用的实现。

从历史上看，人类从构建城市开始到今天，有关土地的使用是谁、以什么目的决定的，其变迁过程是一个非常有意思的问题。一言蔽之，这是有关于土地的所有权和使用权的问题。土地没有私有权和承认土地私有权是完全不同的。从控制土地使用的角度来看，现代城市是十分复杂的，需要排除困难去理解。

（二）土地使用的决定因素

1. 经济因素

在资本主义社会，土地使用决定因素中经济因素是最强的，经常能够限制其他因素决定土地的使用。例如，在市中心和副中心的办公、商业区、工厂用地的形成等，土地市场（Land Market）能够决定居住用地的供求关系。商业用地的价值和投资所产生的利润同比增长。有关居住用地的地价，从居住用地的需求和乡村地权人售地开始，向外无限扩张，使得居住用地的地价也随之高涨。这样的情况并不是自由的个别土地买卖，而是道路、铁路的设施建设提高了城市的便利性，抬高了土地的经济价值，也促进了城市化的进一步发展。

协调这些关系的是土地经济学，在自由竞争的基础之上可以对企业布局进行预测以及构建地价模型。

2. 社会因素

并不是所有的土地使用都由经济因素决定，另一个重要因素就是社会因素。但与经济因素相比，社会因素还没有得到充分的研究，并且很容易和经济因素混同。近来，社会学家通过研究，明确了社会价值观决定城市的土地使用的功能。

城市社会学的研究中，尤其是和土地使用关系密切的研究中，都经过了城市生态学（Urban Ecology）和社会组织论（Social Organization）的过程。

城市生态学对城市外观变化过程的说明，是社会学者从生物学中引入的。运用集中和分散、向心和离心、支配和倾斜、侵入和迁移等概念，从时间、地点两方面对城市的变化和发展进行说明。然而，人类社会和动植物并不相同，社会因素和发挥巨大作用的经济因素也不相同。例如美国的城市中，人种在一定程度上可以说明问题，但在日本却不一定有效。

社会组织论是构成城市社会的团体和个人所具有的价值观、行动和相互作用。团体可以认为是家族、居民组织、行政机关、企业等。人类的行动是以"必要的欲求—目标的设定—规划—决定—行动"这样一系列的循环呈现的，这样的行动也会影响到其他个人和团体。价值观不一定通过行动来展现，而是潜在存在的。在决定土地的使用时，如某个区域的更新，会出现很多不同的价值观，作为第三者的策划者、行政当局、企业家，以及该区域的常住居民等意见不同是正常的。如果在一个集体中大部分的居民和团体能够具备共同的价值观，这叫作集体价值。也有将集体里具有影响力的人作为一个团体进行工作的情况。

3. 公共的利益

上述经济因素和社会因素在土地使用的决策上相辅相成，构成了复杂的关系。然而，城市规划部门为了实现土地使用规划，需要从环境的目标出发，也就是以公共利益为目标进行探讨。

公共利益的要素有安全性（Safety）、健康性（Health）、便利性（Convenience）、宜人性（Amenity），以及与公共机构和公共费用相关的经济性（Economy）。

安全性是与人生命相关的最基本要求，要确保对自然灾害、火灾、事故等的预防和预备。健康性是人维持肉体上、精神上的健康状态，包含预防疾病和疲劳恢复、保护不受公害影响、保证适当的日照和通风。安全性和健康性的组合被视为一个目标。

便利性是在进行土地配置时衍生出的功能区域之间的相互关系，将居住区—办公区、办公区—办公区、居住区—中心区、居住区—休闲设施等人和物移动的时间和难度缩减。为了提高便利性不能损失安全性、健康性和舒适性。

宜人性也是形容环境良好的用词。提高居住、工作、娱乐等环境的宜人性，除了创造视觉上良好的景观，还包括公园绿地、历史建筑和文化遗产带来的文化氛围所产生的满足感。宜人的概念中有美的因素，也有地方性的因素，会产生价值的判断。

但在环境建设目标中最高层次的文化性，要尊重居民对宜人性的选择并给予高度评价。

经济性不是针对以土地市场为基础的开发商，而是指对社会整体公共经济的不浪费。经济性的概念和便利性联系在一起，便利性的对象是时间以及能耗，而经济性的对象则是城市及市民负担的时间和能耗的费用。经济性并不等同于为了实现规划所做的财政定额目标。

虽然以上五个目标任何一个都不应该被忽视，但安全性和健康性是需要特别重视的必要条件，其他条件作为充分条件来考虑。

（三）竞争和调整

在现代城市社会能决定土地使用的有多个主体，因为各自不同的意志，经常会出现各主体间利益关系相违背和对立的情况，不仅是在不同的主体之间存在着矛盾，在同一主体之间也会有矛盾。不同的城市和地区分别有不同的问题。

为了减少这样的矛盾，充分整合双方利益，首先应该明确在法定城市规划中土地使用规划的地位，明确具体区域的未来目标。其次，在每个区域进行环境诊断，明确问题点，在阐明地区规划中调整、开发、保护方针的同时，一定要强化实现区域规划的措施。

（四）城市蔓延（Urban Sprawl）

城市蔓延是指城市街道无规划地散落式扩张（Uncontrolled Expansion of Buil-up Areas）。有人用来形容一般的城市扩张发展，这是错误的。没有完善城市生活必需的公共设施，一点点吞噬农耕地，形成极其疏散的城市街区，才是这个词所表达的意思。概念相似的词语有带状发展（Ribbon Development），这是指沿着道路等无规划地形成带状的城市街区，主要用在英国。

城市蔓延是因为缺少土地使用规划及其实现的制度。

如果放任这种不规则的蔓延也许会造成社会上、经济上的损失。从农业角度来看，居住用地对农业用地的蚕食不仅给农业用地整体利用造成了困难，而且附近残存的农业用地质量降低会对农业生产造成十分负面的影响。从居民的角度来看，如果居住距离太远，会大大花费时间和精力，道路、排水、公园、学校等公共设施长期不完善，使生活上的不便无法忍受。从城市规划的角度来看，在该区域完善公共设施，延长每家每户的道路和排水管道是十分不经济的，一般在城市化到达一定程度之前，先搁置完善设施的规划，以后再向土地规划整理和设施完善投入费用。

（五）土地使用的范畴

过去经常将土地分为农业、居住、商业、工业用地这四大类，在此之上从土地使用强度和用途专一性的角度对土地进行进一步细化，叫作下级分类

（Step Down）。工业又可以大致分为重工业和轻工业，商业可以分为专有商业和中小商业，居住可以分为公寓和独户住宅。另外，商业也可以区分为邻近居住区以零售为主的商业和区域中心包含娱乐设施的商业。这是以区域制（Zoning）为前提进行的分类，美国经常使用这种分类，大城市有15类，小城市有9类。

然而，不以区域制为前提，对土地使用广义的理解时，其范畴对应城市中人的经济和社会活动的功能，自然地导出了衣、食、住、行四个功能。

另外，对于城市设施不应机械地分类，而应该通过设施达到的效果进行分类。比如，同样是道路，干线道路和居住区道路的功能完全不同；同样是商业，市中心的商业设施和住宅附近的商业设施也有一些不同功能。以这样的方法思考，干线道路作为交通用地，城市中心的商业设施作为办公用地，同时居住用地中将小街道、附近商店、小公园等在一定范围内必要的设施划为同一个土地使用分类。

（六）空间要求（Space Requirement）

土地使用规划是对城市活动所必需的设施及空间进行事先的计算，按照适当的条件进行合理配置。在这种情况下，有的功能所需要的设施会对空间有要求。例如，某个产业要在城市中设置工厂，工厂需要多大的占地面积，工厂员工在城市里生活需要的居住用地，以及公园、学校等设施的占地面积，需要提前做出预测。

对于空间的要求一般根据农业、制造业、物流业、小商业、办公、居住、娱乐等在城市中占有较大面积的功能用地计算。此外，教育设施、政府机关、给排水系统等配置并不会占据很大的空间，因此，作为其他用地统一计算。

空间需求的数据可以从很多城市规划的调查研究中获得，收集过去的研究数据，并进行新的调查。

例如，零售业根据城市的人口数、商店数、销售额、商业面积等的统计，用累计的方式，推定白天购物流入的人口，并且通过其消费额和商场的面积，算出这部分人口的居住面积、停车面积、道路等商业用地的面积。

工厂可以通过宏观上各行业的出货量，累积计算出不同行业的占地面积。在工作方面可以算出就业人口、员工每人的机床面积，以及建筑物的容积率。

居住用地可以根据未来人口算出家庭数，通过减去现在的家庭数，算出新需求的住宅数，并且将其在不同的地区进行分配，利用不同住宅形式的土地使用率、户数密度等算出面积。幼儿设施和老人设施等可以通过各年龄段的人口基数计算。

这样的计算方法运用的数值如果反推就表示在一定的土地基础上会有怎样的功能，这叫作土地使用强度（Land Use Intensity）。人口密度、户数密度、每户的占地面积等是在土地使用强度中最常用的指数，这个概念之中也包括单位面积的销售额或生产额这样的土地生产性的指标。

（七）选址要求（Location Requirement）

在土地使用规划之后，重要的是将在空间要求的基础上算出的各种功能用地进行合理的配置。这时需要充分考虑各功能的特质，为了避免竞争要尊重选地要求，配置到恰当的地方。农业、制造业、物流业、零售业、办公、居住、娱乐等功能如果随意放置，会由于经济的、社会的因素支配而导致一定程度的功能分化，一些不同的功能在特定区域集中可能会产生混合区域。特别是在居住用地混入工厂和娱乐设施等会导致环境明显恶化，独户住宅和集体住宅的混合如果不在区域规划中进行调整的话，会引起日照、通风、个人隐私等的损害。

此外，重要的一点就是按照一定的分布法则，在城市里会形成一定的模式。这种模式的形成可能是由于土地使用规划落实不理想，而且这种模式还会影响到其他功能的配置。例如，在大城市的郊外居住用地，如果以郊外铁路站为中心不规则分布，很可能会在铁路沿线形成串团子状的街区，对于干线道路及绿地就会带来影响。

办公功能在城市中心区交通便利、地价最高的区域集中，形成了城市中心，逐渐地向外扩张。零售业也是形成城市中心的功能，同时也形成供应中心（副城市中心），形成居住用地中的区域中心，逐渐构成与市民消费倾向相匹配的结构。办公功能和商业功能的选址有根本上的差异，办公功能是主体性的选址，而商业功能是从属性的选址。因此，在副城市中心和办公中心城市的规划当中，不应将这一点混淆。

工业功能除特殊情况外一般选在地价便宜的未开发区域，但需要具备道路交通条件，还要特别注意和居住功能的距离和风向等。

居住用地和以上功能不同，既要考虑到交通条件，又要满足居住性。随着地价上涨逐渐向城市外延急速发展，如上述不断蚕食周边农业用地，形成不规则扩张的城市蔓延趋势。

虽然选址要求在不同的功能之间有一些不同，但都和交通有密切的关系。因此，可以通过道路和铁路来带动城市化、促进各功能选址是毋庸置疑的。但如今随着家用汽车的普及、道路的建设发展，依托铁路的设施和依托公路的设施逐渐开始混合。这种混合区域一般是在离市中心比较近的城市内部街区，形成了居住、商业、工业的混合区域。在大城市的远郊出现工厂、居住、农地的混合区域，作为高速公路沿线设施引入了商业。

在土地使用规划中重要的是充分考虑各功能的选址条件，除有效发挥各功能的作用之外，还必须以保证公共利益也就是健全的城市环境目标（安全性、健康性、便利性、宜人性、经济性）来对土地进行分配。一般来说最弱势的是居住功能。随着城市的发展，在市区中办公功能和商业功能急速发展，使得其周边的个别住宅和中小企业被不合理地驱赶，因此，为了防止社区和公共设施被损害，有必要对市中心的居住功能制定保护政策。另外，需要充分考虑到工业功能和高速公路、高速铁路等产生的噪声、震动、废气等给居住用地带来的负面影响。

（八）土地使用规划的制定程序

首先，根据基本规划中城市的目标，明确规划构想，同时对土地使用状况进行调查，把握不同地区存在的问题点，对未来的动向进行推定，对规划课题进行整理。

其次，进入规划设计，通过各种指标，计算出未来土地的需求量，并据此分配土地。将居住区域划分出社区，标示出区域规划必需的重点数据。在区域之中，需要明确新开发和再开发地区，以及需要特别保护的区域。

最后，实施土地规划，在这一阶段要转移到法定规划中土地使用规范和各种城市规划项目当中。

二、公园绿地规划

(一) 城市和自然

人本来就是生物，离不开自然的恩泽，同时人类的历史也是与严酷的自然斗争的历史。人类凭借智慧挑战自然，由人工建造成了现代化的城市，却不能切断人类与自然的关系。光、温度、空气、水、土地等虽然通过科技手段也可以被制造出来，但也只能小范围地在城市适用。越是在人工的环境中，人的心灵越是向往原始的自然生态。因此，在城市中自然环境的存在非常重要，创造让人感受不到钢筋、水泥、玻璃的绿色开放空间是城市规划中重要的课题之一。

城市的周边基本上已经没有原生态的自然环境，而是经过人工化的自然。通过规划对这样的自然环境进行保护的同时，尽量创造更加自然的环境条件，对当今的城市是非常有必要的，也是为后世留下遗产。

广义的开放空间是排除大规模的交通用地和水面等以外的非建筑用地。

另外，开放空间的用途土地所有权以及管理状态是多样的，为城市居民也会发挥不同的功能，最低限度具有非建筑用地的功能，对城市空间结构体系产生影响。城市规划中的公园绿地系统作为开放空间的核心系统，尤其重要。"在城市区域之中，独立或组团的林地、草地、旱田、水田、水岸等土地"属于绿地，绿地面积所占比例称为绿地覆盖率。大城市每年都会呈现城市化的推进和绿地的后退，城市街区残存的绿地也在遭受着大气污染的损伤。

(二) 开放空间

1. 防止城市街区扩张

这虽然不是开放空间本身的功能，但可以作为阻止城市化的措施，设置绿化带。

2. 保护功能

具有保护自然及文化遗产、保证日照及通风、减少噪声等公害、防止火灾蔓延、削弱爆炸事故影响、维护个人隐私等功能，成为灾害发生时临时的避难地。然而，对于组合型的大范围公害以及大规模火灾、飞火等，小的开放空间并不能起到良好的作用。

3. 生产功能

森林生产木材等林产品，农地生产农产品，从这个意义上，森林和农地称为生产绿地。

4. 娱乐功能

以公园、运动场为代表的娱乐休闲场所的功能。

5. 衬托景观功能

自然公园这样的开放空间本身就具备景观因素，庭院、园林和建筑物相配合创造出浑然一体的景观。

1、2主要是由于开放空间存在而获得的功能，称之为存在绿地；在什么地点、以怎样的形式来保护成为规划的重点。3、4是通过使用开放空间而获得的功能，称之为使用绿地；对于各种不同的使用目的，规划重点在于量化指标的确定和配置。

(三) 户外休闲娱乐

关于户外休闲娱乐，不同人的定义会有一些不同，这里指的是在闲暇的时间里休养、保养、娱乐、散心等活动的总称，包含了运动、文化等各种类型，并不是专业性的，是为了维持人身心平衡而进行。

休闲娱乐根据年龄和性别等个体条件的不同，划分为多样的种类。其中涉及城市规划的是在个人的居住区之外、在城市范围内的活动。这些活动无论是在室内还是室外，都需要空间和设施，称为休闲娱乐设施。

人们对于休闲娱乐设施的需求随着闲暇时间的增加不断增大，种类多种多样。因此，我们可以通过这些情况对未来进行预测，不断完善空间和设施，促进休闲娱乐业的发展。

休闲娱乐设施虽然主要是由私营企业建成的，但需要政府主导的也不在少数，由非营利团体等赞助和促成也是合适的。

(四) 公园绿地系统

虽然城市公园是按照自身体系设置的，但如果将各种绿地组合形成系统，可以提升规划的效果。这样将城市的土地规划整合到一起，从城市全域到居住区末端，通过一贯的理念设置的开放空间系统叫作公园绿地系统。公园绿地系统是19世纪末美国奥姆斯特德等公园运动的热情推动者发起的，波士顿、堪萨斯城的绿地系统最为著名。

公园绿地系统是公园系统的核心，可以规划适应该城市固有的自然和历史条件的绿地，也可以规划适应产业活动和社会环境的绿地，还可以对民间绿地上的诸多设施以及公园道路等系统进行构建和规划。

目前，公园绿地的形式有环状公园绿地系统、放射状或楔形公园绿地系统，这二者可以组合成第三类复合式公园绿地系统，这是比较理想的，基本可以作为大城市解决问题的方法。在霍华德的田园城市提案中，随着卫星城市理论发展，在卫星城市和母城市之间产生了环状绿化带，卫星城市相互之间产生楔形绿地等一定的形状，连接在一起形成了城市内部公园绿地系统中放射状和环状的组合。

随着郊外铁路的发展，充分整合大城市中土地使用的实际状态和分布，这种方式在今天也没有失去意义和价值。但这并不适合所有的城市，应考虑以下各种条件，对应不同类型的城市建立公园绿地系统。

第一，对地形、地基、植被等自然条件进行详细的调查并绘制调查图，限制河流沿岸泛滥平原、积水地和坡地等不适合用地的城市化，可以主要用于农林地和休闲娱乐区域。

第二，对于现状优质森林要极力保护，特别是对因大规模开发而崩溃的平地林要进行战略上的保护。

第三，保护历史文化遗产、遗迹等，防止城区无秩序地扩张。

第四，将产业区域和城市街区分离，或者在铁路和干线道路旁设置缓冲绿地。

第五，根据土地使用规划将城区的公园系统进行整合。

(五) 公园规划标准

城市公园大致分为居住区基础公园和城市基础公园。居住区基础公园的服务对象是该区域的居民，是儿童和老人不可缺少的设施。城市公园在城市规划中是区域规划的内容，这里的区域指居住区和公园区。居住区包括邻近的居住区和其组团。公园区是在因无序城市化导致的区域划分困难的情况下，作为划分区域的规划单位，以现有的邻近公园为中心，由干线道路围绕形成不少于 1km² 的用地。

城市基础公园是以城市为单位设置的公园，但同时，风景公园、特殊公园等必要时也会设立，广域公园则是以服务约 50 万人口为标准进行设立的。

三、城市设施与环境规划

(一) 城市设施规划

1. 城市设施的种类

城市设施规划是与各种城市设施相关的规划，属于城市基本规划中专项规划的一种。

城市设施是具备公益性和公共性的设施，广义上城市规划的对象包含了所有的设施。

第一，面的设施：公园、绿地这样的具有一定面积的设施。

第二，线的设施：道路、铁路、电信和网络、给排水道、燃气、电力等。

第三，点的设施：学校、医院、市场等。

面的设施和点的设施作为中心，具备周边服务半径，这个范围叫作吸引圈，从同周边人口的关系来看，有三类：

第一，设施为周边人口提供服务 (警察局、消防署等)；

第二，设施是因为周边人口的使用而产生的 (中小学校、医院等)；

第三，设施和周边人口没有直接的关系 (大学、研究所等)。

设施的分布形态有单独型、联结型、凝聚型、分散型等。

城市规划通过考虑土地使用、交通等现状以及对未来的预测，应对区域居民的要求按照恰当的规模，在必要的位置进行设置。公共设施有各自的管理方式，很多制订了设置标准。私营的设施还必须考虑到经营的成立条件。

《中华人民共和国城乡规划法》规定了城市规划应当遵循的原则，包括环境保护、资源节约、公共利益优先等内容。对于特定类型的设施选址，一般会由相关的行业标准或地方性法规来进一步细化规定。具体的选址要求通常会考虑到以下因素：①对周围环境的影响（如噪声、空气污染、水污染等）；②对居民区的影响（如距离居民区的安全距离要求）；③地理条件（如地形、地质结构、交通便利性等）；④公共卫生与安全要求；⑤经济合理性等因素。

2. 供给、处理设施规划

在供给设施中，城市活动和生活必要的给水系统、电力和燃气等能源系统、信息和通信系统是不可或缺的。处理设施如处理雨水、家庭和办公污水的排水系统，垃圾处理设施等特别重要。近年来，完善这些设施的科技和系统构建的进步是有目共睹的，相关内容可参照各种专业书籍。

（二）城市环境规划

1. 生活环境论

（1）环境的定义

生活环境是围绕生活的有形、无形的外部条件，大的分类可以分为自然条件和人为条件。自然条件有光、热、空气、土地、水、动植物等，人为条件有道路、公园、给排水道等物质条件，地价、物价等经济条件和权力、人际关系、居民组织等社会条件。

城市物质的生活环境主要可分为居住生活环境、工作环境、其他环境三部分。其他环境指的是交通工具等的移动空间、繁华街区、旅行地的休闲场所等。在这三者中，居住生活环境在城市占有70%以上的面积，最重要的是居民共通的部分，在这个角度上也说明城市首先是"住的地方"。

（2）城市环境的各种因素

生活环境影响涉及的各种物质条件，有以下意义。

第一，环境除了注重空间的范围，还要着眼于随时间变化的空间。空间上是住宅、近邻、城市、地方、国土等无限广阔的空间，在时间轴上，从过去到现在再到未来，在无限持续的环境之中变动着。

第二，环境条件分为自然条件和人为条件，进一步通过对生活的影响进行判断，可以分为积极的和消极的。

第三，自然的积极一面是人类与生物生存所需最基本的条件，自然的消极一面是不适宜的自然条件和自然灾害等，必须利用科学技术克服。

第四，人为的积极一面以生活环境设施等为代表。为了我们城市生活的健康和文化，有必要施加适当的人为影响。人为活动消极的一面则是以公害和事故为首的环境公敌。

第五，自然条件和人为条件一般是相互作用的。例如，积极的条件有城市绿地等，消极的条件有雾霾、地基下沉、火灾蔓延等。

第六，相对于自然条件，人为条件起到积极还是消极的影响是微妙的，因此对环境条件评价须辩证严谨。

第七，重要的一点是，住宅自身也是环境因素，对于其外部具有积极和消极的影响。环境的本质，就是需要解决"全"和"个"之间关系的命题。

（3）环境的规划

为了改善环境，在不影响外界的限度内，尽可能地利用积极的条件，尽量消除消极条件，无法消除的要考虑应对方案，并保证不对外界造成干扰。

（4）环境的目标

①安全性（Safety）

避免灾害，保护生命、财产的安全。

②保健性（Health）

保持身体、精神上的健康。

③便利性（Convenience）

确保生活的便利性和经济性。

④宜人性（Amenity）

确保美观和休闲娱乐活动，其概念中包含了教育、福利等文化性的内容。

此外，还有福利性（Welfare）、道德性（Morals）、舒适性（Comfort）、繁荣性（Prosperity）、经济性（Economy）。

（5）环境调查

为了达成以上的环境目标需要制订环境规划，为此需要通过调查来把握环境的实际状况。

第一，在环境调查中，有国际比较、城市间比较、城市内不同地区比较等，可以运用多种生活环境指数来进行物质环境条件量化比较。

第二，环境统计数据会有一定制约性，但近年来统计数据资源十分充裕，获得大量数据，灵活运用这些数据，可以为快速地进行环境调查提供便利。

第三，通过各种指数的整合，形成综合指数等方法叫作评估法（Appraisal Method），这种方法是将指数乘以权重，但加分或减分的方式是根据特定目的设置的，在实际应用中理论上会有矛盾。为了弥补这个问题，可以按照环境目标选择指数，尝试不使用加减法而是通过筛选的方式。

第四，对于物质环境，可以尝试进行居民意识调查。

第五，作为环境调查组织规划的一部分，期待市镇村或区域居民采取行动，通过最近城市中实践的情况来看，也经常称为社区或区域修复活动。

基于这样的调查进行环境改善的规划，为了实现，不能只停留在物质规划上。例如，一个防止交通事故的措施，至少需要技术、行政等工作，承担起城市规划的一部分。

2. 城市环境规划

近年来，随着科学技术的迅猛发展，日常生活的便利性、效率性显著提高的同时，人类开始意识到大气污染带来的臭氧层破坏、地球温室效应、热带雨林的减少等环境变化是给人类生存带来威胁的重大问题。城巾无秩序地开发，自然环境逐渐变差，在热岛效应发生的同时，灾害的危险性增大，舒适健康的生活空间在持续减少，城市在安全、健康、快捷性等很多方面产生了问题。

对城市环境进行管理，抑制损害环境因素的同时，保护城市生活不可缺少的要素，具有积极创造的目标的规划称为城市环境规划。通过软性的政策和组织居民活动等措施力图实现城市环境规划的同时，也不能缺少城市规划和建筑政策等硬性的措施。

城市基本规划的内容着眼于构建城市的用地和设施，物质规划对象的分类，是从以人类的生活为中心进行的城市环境规划出发，按照环境目标进行的，可参照以下分类。

第一，安全。城市防灾规划、事故防止规划、犯罪防止规划。

第二，健康。公害防止规划、健康管理规划、休闲娱乐规划、环境卫生规划。

第三，快捷。自然保护规划，历史风土保护规划，教育、文化、福利规划，城市景观规划。

土地、设施规划和环境规划在源头上并不矛盾，只是视角的不同，可以视为类似于织物的纵纱和横纱结合而成为城市基本规划。但物质规划经常会漏掉以环境为目标的规划视角，所以它与非物质规划的关系也很重要，应从非物质的视角来对规划进行必要的补充。

（1）城市防灾规划

除了地震、台风、洪水、暴雪、泥石流等自然发生的环境破坏以外，还有人为引起的火灾蔓延，需要进行保护生命和财产安全的城市防灾规划。城市防灾规划和土地使用及设施的规划有着非常重要的关系。防灾规划的规定有：

第一，灾害危险区域的指定和建筑规范；第二，以住宅为代表的各种建筑的构造规范、密度规范；第三，防灾据点、防灾街区等的指定和工作促进，防灾街区完善地区规划；第四，避难路、避难地、情报中心等避难规划；第五，防灾、救灾活动规划；第六，防灾居民组织；第七，灾害修复、复兴项目。

（2）事故防止规划

交通事故虽然没有像危险物爆炸这样的事故造成的死伤严重，但也需要进行保护生命的事故防止规划。相关规定和措施有：第一，防止建筑物构件和广告物等落下的规范；第二，处理危险品的工厂建筑规范、建筑工地现场的规范；第三，道路评级和系统规划、平面和立体的人车分离、平面道口高差的消除；第四，道路的构造、人行和车道划分、分隔带、自行车专用道、行人通道、高架公路；第五，交通信号、交通标示、通学路的指定、弯道反光镜、护栏、人行天桥等；第六，道路交通规则、驾驶者和步行者的教育、交通禁止。

（3）公害防止规划

大气污染、水污染、土壤污染、噪声、震动、地基沉降、恶臭等公害造成的居住环境损害防止规划。相关的措施有：

第一，通过区域规划将发生源和受害区域分隔；第二，设置两区域间的缓冲地带；第三，对发生源的措施：操作停止或限制、发生源的转移、设施的改善等；第四，设置公害检测机构，发布警报、污染度；第五，对受害者的措施：地区转移、初尝；第六，环境影响评估(对环境进行的事先评估)。

(4) 健康管理规划

医疗设施规划；保健设施规划。

(5) 休闲娱乐规划

公园绿地、休闲娱乐设施规划(旅游度假开发规划)。

(6) 环境卫生规划

①给水规划；②排水规划；③废物的减量、分类收集、处理、循环利用规划。

(7) 自然保护规划

①保护农地、森林区域，保护生物栖息地、自然生态观察公园；②海洋、海岸、江河水系、湖沼等的自然保护；③文化保护方案、绿地公园的完善、树木的保护规划。

(8) 历史风俗保护规划

①历史风俗区保护规划；②街道的保护规划。

(9) 教育、文化、福利规划

①教育设施规划；②文化设施规划；③福利设施规划、福利型街道建设(建设轮椅行驶街道)；④区域居民活动规划；⑤社区设施规划。

(10) 城市景观规划

①景观区、风景区、环境保护区、历史景观保护和复原；②广告物规范、建筑物规范、电线入地；③城市美化运动的推进、表彰制度；④建筑协定、绿化协定的推进；⑤江河的美化、高规格堤坝(超级堤坝)、亲水公园。

第三节 城市道路规划

一、城市道路规划的要求

(一) 道路建设、运输要经济

道路建设、运输要经济，包括道路建设时工程投资费用要经济和道路运行时维护费用要经济；同时还包括运行时交通运输成本费用和时间要节省等方面。道路规划设计的总目标就是以最少的建设投资和正常的维护费用，获得最大的服务效果与交通运输成本的节省。规划时要注意把道路、居住区建筑和公用设施有机结合起来考虑；要根据交通性质、流向、流量的特点，结合地形和城市现状，合理布置线路及其断面大小；对交通量大、车速高的干道路线要平顺布置，次要干道可着重地形、现状，不一定强求线形平顺，以达到节省投资的目的。

(二) 区分不同功能道路性质，分流交通

尽量考虑区分不同功能道路性质进行分流，是使交通流畅、安全与迅速的有效措施。随着城市工农业生产和各项事业的兴旺发达，城市客、货运交通量和汽车、自行车保有量迅速增长，很多城市的交通拥挤状况日趋严重。在市场经济中，流通是第一位的。从人流来看，人的流通不仅是上下班的范畴，已扩大到社会交往、信息交流。从物流来看，对交通需求量的增长更为突出。在城市干道和交叉口就经常发生拥挤和堵塞，引起交通事故。解决的办法除积极新建和扩建道路外，按客、货流不同特性，交通工具不同性能和交通速度的差异进行分流，即将道路区分不同功能，妥善组织平交道口交通，布置必要的立体交叉、人流与车流分隔，是有效的措施。做到车辆、行人"各从其类，各行其道"，从而保证交通流畅与安全。

(三) 道路网规划应注意城市环境的保护

城市主要道路走向一般应平行于夏季主导风向，这样有利于城市通风。北方城市冬季严寒且多风沙，道路宜布置与主导风向成直角或一定角度，可以避免大风直接侵袭城市。为减少机动车行驶排出的废气和噪声的污染，布置干道时应注意采用交通分隔带，加强绿化，道路两侧建筑宜后退红线，特别要注意保证居住区与交通干道之间有足够的消声距离。

(四) 城市道路规划应注意道路与建筑整体造型的协调

城市道路不仅是城市的交通地带，通过路线的柔顺、曲折、起伏，两旁建筑的进退、高低错落和绿化配置，以及沿街公用设施、照明安排等有机协调配合，将对美好城市面貌起到重要的作用，可以给城市居民和外地旅客以

整洁、舒适、美观和富有朝气的感受。

二、城市道路的分类及布局

(一) 城市道路的分类

前述我国城市道路一般分为主干道、次干道与支路，但城市规模、性质不同，道路分类也不尽相同。特大城市、大城市道路功能分得较细，类别等级也较复杂。大城市道路划分为六类，即快速交通干道 (要求设计行车速度在 60~80 km/h，与同级道路相交须采用立交)，主要交通干道和一般交通干道 (要求设计行车速度分别为 60km/h 和 40km/h)，以上交通干道的两侧，均不宜布置能吸引大量人流的大型商业、文化娱乐设施。还有就是区干道、支路及专用性道路 (独立的自行车道、步行街道等)。

(二) 城市道路网的布局形式

城市范围内不同功能、等级、区位的道路，以一定密度和适当的形式组成的网络结构称城市道路网。

城市道路网的布局形式，大体上可归纳为方格形、放射形、放射环形、自由式等路网。

1. 方格形路网

在平原地区，一般中小城市常采用方格形路网，我国一些历史悠久的古城道路系统也往往是在严整的方格形路网基础上发展起来的。其特点是道路系统简洁、明确，划分的街区比较方整，在路网密度较高的情况下，有利于组织单向交通，如西安市等。

2. 放射形路网

城市道路从中心地区向外沿不同方向伸展，形成放射形路网。其特点是中心地区与外围地区交通联系便捷，也较易适应各种地形条件，但道路往往形成锐角形相交，不利于组织交通运输，城市外围地区之间联系也较困难。实际上目前已很少有单纯的放射形路网，往往是放射形路和方格形路或环形路结合起来。

3.放射环形路网

放射环形路网是当今世界非常流行的一种城市道路网形式，我国许多城市都采用了这种形式。这是由于一些大城市和特大城市在不断向外扩展的过程中，逐步形成了放射路和几条围绕中心区的环路组成的形式。其优点是中心区和外围地区、外围地区之间都有便捷的联系，其运行方式是市内大区域交通由射线及其他道路将车流引导到环线上，在环线上车流重新组合选择方向，再由射线及其他道路将流量疏散。这种交通单向选择性很强，如出市交通，车辆由就近射线驶向环线，在环线上选择出市道路，出市道路几乎均为射线道路，入市交通车流流向则与出市正相反。其缺点是在这种流量分布规律中，环线须承担各个方向射线及其他道路传输来的车流，同时环线还须承担所处地区的交通组织任务，它的负荷强度比射线大得多，因此环线比射线"老化"速度快。

在放射环形路网中，绝大多数路口的车流转弯流向比重很高，这也是放射环形路交通流的一个特点。这些交叉口基本上是环线与射线相交的交叉口。实践证明，只要能够保证这些交叉口的安全与畅通，就基本保障了城市动脉的循环和正常运转。这就要求将重要的枢纽性质的交叉口处理成为立体交叉，而且应采用"定向立交—环线跨射线"为宜。

4.自由式路网

在山区、丘陵地带、水网或海湾地形条件比较复杂的城市，道路结合地形变化，多起伏弯曲，形成自由式道路网。

三、道路断面的规划

(一)道路横断面红线宽度

沿着道路宽度方向，垂直于道路中心线所做的剖面，称为道路横断面。道路横断面由车行道、人行道和绿化带等部分组成。根据道路等级、功能不同，可有各种不同断面形式，但其宽度不得超过城市规划的控制线(通常称道路红线)宽度。道路红线宽度内的道路总宽简称路幅。

(二) 道路横断面设计原则与基本要求

道路横断面设计应在城市规划的红线宽度范围内进行。横断面形式、布置、各组成部分尺寸及比重应根据道路类别、级别、计算行车速度、设计年限的机动车道与非机动车道交通量和人流量、交通特性、交通组织、交通设施、地面杆线、地下管线、绿化和地形等因素统一安排。其具体要求如下：

第一，保证车辆和行人交通的安全与通畅；

第二，横断面布置应与道路功能、沿街建筑物性质、沿线地形相协调；

第三，减少由于交通运输所产生的噪声，减少灰尘和废气等对大气的污染；

第四，满足路面排水及绿化、地面杆线、地下管线等公用设施布置的工程技术要求；

第五，节约城市用地、节省工程费用、兼顾城防要求；

第六，考虑远近期规划与建设的结合及过渡。

(三) 城市道路纵断面设计基本原则

道路纵断面以及平面布置的选择与设计属于道桥专业的内容，这里只概括讲一下纵断面设计的五条基本原则。

第一，道路纵断面设计应根据城市规划控制标高并适应临街建筑立面布置和地面排水。

第二，为保证行车安全、舒适，纵坡宜缓顺，起伏不宜频繁。

第三，山城道路及新辟道路的纵断面应综合考虑土石方挖填的平衡、汽车运行的经济效益，合理确定标高及坡度。

第四，机动车与非机动车混合行驶的车行道，应按非机动车爬坡能力设计纵坡。

第五，纵断面设计应对沿线地形、地质、水文、气候、排水和地下管线要求综合考虑，机动车行道最大纵坡应按规定的数值选用。

四、城市道路交叉口设计

(一) 城市道路交叉口设计原则与规定

城市道路交叉口应按城市规划道路网设置。道路相交时宜采用正交，必须斜交时交叉角应大于或等于45°。不宜采用错位交叉、多路交叉和畸形交叉。

交叉口设计应根据相交道路的功能、性质、等级、计算行车速度、设计小时交通量、流向及自然条件等进行。前期工程应为后期扩建预留用地。

交叉口设计应与交通组织设计、交通标志标线结合考虑。

(二) 交叉口类型与适用条件

道路与道路交叉地点称道路交叉口，一般分为平面交叉和立体交叉两种。应根据技术、经济及环境效益综合分析、合理确定。

1. 平面交叉

平面交叉口的类型有十字形、T形、Y形、X形及环形。应根据城市道路的布置、相交道路等级、性质和交通组织等确定。

环形交叉口适用于多条道路交会或转弯交通量较大的交叉口。快速路或交通量大的主干路上均不应采用环形平面交叉。坡向交叉口的道路纵坡度大于或等于3%时，也不宜采用环形平面交叉口。

2. 立体交叉

立体交叉设计应根据交叉口设计小时交通量、流向、地形、地质等具体情况综合分析，进行技术经济和环境效益比较后确定，有分离式和互通式两大类。立体交叉的典型形式和适用条件如下。

第一，分离式立体交叉适用直行交通为主且附近有可供转弯车辆使用的道路。

第二，菱形立体交叉可保证主要道路直行交通顺畅，在次要道路上设置平面交叉口，供转弯车辆行驶，适用于主要道路与次要道路相交的交叉口。

第三，部分苜蓿叶形立体交叉可保证主要道路直行交通顺畅，在次要道路上可采用平面交叉或限制部分转弯车辆通行，适用于主要道路与次要道路相交的交叉口。

第四，苜蓿叶形立体交叉与喇叭形立体交叉适用于快速路与主干路交叉处。苜蓿叶形用于十字形交叉口，喇叭形适用于 T 形交叉口。

第三章　国土空间规划

第一节　国土空间规划设计

一、任务内容要求

(一) 规划任务

1. 明确战略目标

落实区域发展战略、乡村振兴战略、主体功能区战略和制度，依据上位国土空间规划，在科学研判发展趋势、面临问题的基础上，提出国土空间发展目标，明确各项约束性和引导性指标。

2. 优化国土空间格局

确定市（县）域国土空间保护、开发、利用、修复、治理总体格局，统筹、优化和确定"三条控制线"等空间控制线，明确管控要求，合理控制整体开发强度；确定开发边界内集中建设地区的功能布局，明确城市主要发展方向、空间形态和用地结构。

3. 完善要素配置

落实省级国土空间规划的山、水、林、田、湖、草各类自然资源保护、修复要求，明确约束性指标；明确补充耕地集中整备区规模和布局；统筹安排交通等基础设施布局和廊道控制要求；提出公共服务设施建设标准和布局要求；对城乡风貌特色、历史文脉传承、社区生活圈建设等提出原则要求。

4. 明确生态修复目标与任务

明确国土空间生态修复目标、任务和重点区域，安排国土综合整治和生态保护修复重点工程的规模、布局和时序；明确各类自然保护地范围边界，提出生态保护修复要求，提高生态空间完整性和网络化。

5. 分解落实管控格局

在总体规划中提出分阶段规划实施目标和重点任务，明确下位规划需要落实的约束性指标、管控边界和管控要求；提出应当编制的专项规划和相关要求，发挥对各专项规划的指导约束作用；提出对功能区规划、详细规划的分解落实要求，健全规划实施传导机制。

6. 完善政策措施

建立从全域到功能区、社区，从总体规划到专项规划、详细规划，从市、县（市、区）到乡（镇）的规划传导机制。明确空间用途管制、转换、准入规则。充分利用增减挂钩、增存挂钩等政策工具，完善规划实施措施和保障机制。健全规划实施动态监测、评估、预警和考核机制。

（二）工作原则

第一，底线约束，绿色发展。优先划定不能开发建设的范围，严守安全底线和保护底线。第二，城乡融合，区域协同。划定"三条控制线"，推进城乡基本公共服务均等化，全域实施开发强度总体控制。第三，多规合一，全域覆盖。落实主体功能区战略及"多规合一"目标，专项内容对空间资源实施叠加安排。第四，以人为本，提升品质。增加开敞空间和公共活动空间，形成环境优美、宜居舒适的人居环境。第五，明晰事权，权责对等。落实规划刚性管控和约束性指标，规划"留白"，给地方规划事权留有弹性空间。因地制宜、分类指导。

（三）技术要求

第一，统一规划基础数据和标准。以2019年为规划基期，以"三调"作为总体规划的基础数据。按照"多规合一"信息平台技术标准体系开展总规编制。第二，开展规划实施评估。对"两规"的实施进行评估，找出城市空间资源利用和布局主要问题及差异，在摸清家底、深入分析现状基础上开展规划编制。第三，开展"双评价"和划定城镇开发边界。结合主体功能定位和"双评价"结果，深入研究城镇发展阶段和空间格局，科学合理划定城镇开发边界。第四，同步搭建信息平台。确保"发展目标、用地指标、空间坐标"一致，形成规划管理"一张图"，建立总体规划编制、审批、实施、监督、评估新模式。第五，建立规划成果形式。总体规划成果中需上级政府审批的内容，由总体规划审批机关批准并监督实施；其他由市县人民政府批准，报上一级主管部门备查。

二、基础研究

(一)国土空间现状分析

全面分析评价规划范围内经济社会和资源环境的基础条件、国土开发利用现状，并对规划范围内人口、经济、生态、环境、基础设施、产业发展、城镇开发等要素在空间分布上呈现出的趋势性演变特征及驱动因素进行深入分析。

重点针对人口、城乡发展、产业格局等要素演变在国土空间开发利用格局变化趋势之间的统合分析，总结提炼空间开发利用与社会经济、生态环境之间的相互关系，明确规划区资源和经济发展的优势和特色，为空间开发格局优化提供方向与有力依据。

(二)多规差异比对分析

梳理现行的经济社会发展规划、土地利用规划、城乡规划、环保规划、林业规划等涉及国土开发利用的规划目标、内容、空间布局等基本情况，比对分析"多规"之间在实施"落地"的差异上和空间上的矛盾，深入分析冲突的原因，明确空间规划重点需要解决的问题，研究提出规划协调衔接和疏解处置的相关建议，为规划国土空间布局优化和空间用途管制提供基础。

(三)资源环境承载力与开发空间适宜性评价

自然资源部发布《资源环境承载能力和国土空间开发适宜性评价指南》，按照相关原则，选择水资源、自然生态、耕地资源、地质灾害、大气环境等因素，构建资源环境综合承载力评价指标体系。

对各种资源环境本质要素开展深入分析，识别影响空间开发利用活动的核心要素，明确各单要素在空间上的影响分布情况，并将不同区域内对空间开发利用的限制要素分为强限制因子与非强限制因子两类，通过 GIS 等空间分析方法开展综合限制性评级，明确区域主导限制因子并提出开发利用过程中应有的规避措施。再根据国土空间开发利用自然适宜性与经济适宜性程度对评价因子进行量化分级，通过空间分析方法识别适宜开发建设空间，指导国土空间开发利用格局与布局优化。

三、目标与指标体系

（一）战略与目标确定

明确发展战略。在分析发展机遇、面临挑战的基础上，结合规划区主体功能定位、规划区资源和经济社会发展的战略和目标，明确规划区发展的宏观导向与路径，提出较长时期的空间发展战略。

制定规划目标。以规划区发展战略为引领，以资源环境承载评价为依据，科学确定国土空间开发、保护格局，统筹相关规划，提出通过空间规划实施所期望实现的主要目标。规划目标的主要内容一般包括生态环境保护、经济社会发展、国土空间利用等方面。可结合规划区发展实际，在满足上级相关管控要求的前提下提出科学合理的规划目标内容。

规划目标应注重时效性，对接近期重点建设内容，提出近期规划目标，衔接规划区发展战略愿景，科学确定规划期目标。

（二）指标体系构建

对规划目标进行细化与量化。指标体系一般涵盖经济发展、社会民生、国土空间、生态环境等方面的具体指标。具体指标选择既要考虑发展实际与相关规划的衔接，又要落实上级相关规划的要求。

规划指标根据管理性质分为控制性约束指标、预期性指导指标，其中控制性约束指标要与上级规划充分衔接，鼓励提出更高的控制性要求或者增加约束指标。规划指标的阈值或目标值应结合规划目标合理制定，并合理确定近期与规划期的指标值。

四、空间格局与用途管制

（一）优化空间格局

空间格局是规划内容和发展战略在空间上的布局。在国土开发、生态安全、城镇发展、综合交通、产业发展等战略研究基础上，结合开发和保护的需求，提出国土空间配置和优化的总体方案。

1. 开发格局

开发格局是要明确国土空间开发利用不同方式及空间分布。从城乡建设、产业发展以及综合交通运输网络等方面入手，明确规划区内新型城镇化发展的空间布局、城镇体系及产业发展的规模结构、开发方向和空间结构；明确综合交通的线路布局、结构以及不同交通方式的衔接与协调，培育国土空间开发的聚集点和轴带。

2. 保护格局

保护格局是规划区国土空间保护的总体布局，规划区内任何发展内容均需符合对各级各类保护区域的避让要求。保护格局要依据规划区自然生态和资源环境特点，综合考虑不同地区的生态功能、开发程度，明确分级分类的保护方式及空间分布。

保护格局优化应从生态功能保护、基本农田保护等方面入手，明确生态环境保护和建设的重点地区，描述主要生态廊道和网络空间结构；明确基本农田保护和高标准基本农田建设的重点地区，描述主要集中连片保护区域及其空间结构；明确文物古迹、传统村落等其他保护要求及空间分布，促进形成点面结合的国土空间分级分类保护格局。

（二）划定三条管控底线

划定生态保护红线、基本农田保护红线、城镇开发边界三条线，是优化空间格局的基础。生态保护红线是以重要生态功能区、生态敏感区和生态脆弱区为重点而划定的实施强制性保护的空间边界。基本农田保护红线是对基本农田进行特殊保护和管理的管制边界。城镇开发边界是城镇建设与第二、第三产业发展空间的管制边界，允许城镇建设用地的最大边界。

划定应遵循规模约束、空间优化，边界衔接、求同存异，保障重点、差别处理，充分协调、避免冲突，注重实效的原则。划定过程中需衔接有关专项规划空间的约束性要求，强化三条底线之间的相互协调。应在三条底线各自划定的基础上进行协调衔接，科学评价差异，消除三线之间的空间矛盾和地上地下矛盾，促进保护与开发并举。

（三）明确分类分级管控空间

1. 分类管控

空间管制原则上以生态空间、乡村空间、城镇空间为基础，生态空间、基本农田空间以及文物古迹、历史文化遗迹、传统村落等以保护为主；城镇空间以及乡村振兴的发展空间以建设开发为主。

2. 分级管制

将生态保护红线内的生态空间划分为禁止建设的生态空间和限制建设的生态空间；将乡村空间划分为基本农田空间、农业生产空间和乡村生活空间；将城镇空间划分为现状为建设用地的存量用地空间和现状为非建设用地的新增用地空间。

市县空间总体规划要明确不同类型管制区的空间分布、管制原则与管理要求，具体通过相关专项规划和控制性详细规划予以落地。

3. 落实用途管制制度

坚持用途管制"落地"，用途管制核心是"严格限制优质农用地和生态用地转为建设用地"。用途管制是规划编制、修改、审批的依据，是规划区内建设项目审批的前置条件。用途管控底线一经划定不得擅自更改。国土空间开发、利用与保护活动均须严格按照管控底线要求进行。

在底线管控基础上，以空间规划分类为基础，依据《市县空间规划管控体系标准》，实施土地用途三级分类，强化用途管制制度，满足精细化管理需求。市县空间规划要对底线范围内不同用地类型进行科学规划，明确按照规划用途使用土地的有关细则，提出与下级各类专项规划、详细规划的衔接措施。

五、"三生"空间确定

(一) 生态空间

结合主体功能区定位,统筹协调林草生态、水系功能、水源地保护、河湖岸线划定等,合理划定生态保护红线。生态红线应与空间格局优化相衔接,构建多层次、成网络、功能复合的生态空间体系。

结合实际将生态空间划分为不同类型保护区,如自然保护区、森林公园、风景名胜区、生物多样性维护区、水源涵养区、水土保持区、湖泊水库湿地等以及其他生态环境敏感、脆弱区域。

生态保护区为禁止建设区域。应确定不同类型生态空间的主要构成对象及其控制范围、控制总量,明确不同类型生态空间的边界衔接原则、要求与对应的管制级别,明确不同类别生态空间的保育建设要求。

(二) 乡村空间

乡村空间可划分为农业生产空间、乡村生活空间两大类型。按照经济发展、自然地理、文化传统等因素和区域实际再细分为种植业生产空间、林果业生产空间、居住空间、生活服务空间等。应协调好农业生产与乡村生活的关系,明确乡村生产、生活、服务的空间功能定位。

要统筹乡村生活空间建设,衔接农村土地综合整治、美丽乡村建设、新型社区建设、传统村落保护等重点项目,落实乡村振兴及现代化建设的政策措施,提出实施乡村振兴的空间战略与推进路径。

要合理安排产业振兴的空间格局,从耕地质量建设、永久基本农田保护、农业生产"两区划定"、特色产业示范区建设着手,对农业生产空间加强分类指导,落实农业生产空间优化提升的具体举措。

(三) 城镇空间

明确城镇发展体系。依据区域发展状况、人口、产业集聚方向,构建合理城镇发展体系和发展轴线;确定城乡居民点发展的总体框架,合理选定中心城镇,促进小城镇发展,统筹区域基础设施和公共服务设施,防止重复建设，促进协调发展。

明确城镇建设目标。针对城镇空间发展存在的突出矛盾和问题，提出提升城镇环境质量、人民生活质量、城市竞争能力等方面的总体方向，建设智慧、海绵、宜居城市。

优化城镇空间布局。结合开发边界划定与规模控制要求，以用地适宜性评价为依据，提出建设空间的优化方向，尽量少占优质耕地，避让地质灾害高危险地区、蓄滞洪区和重要生态环境用地。

强化城镇空间管制。按照规模控制和开发强度要求，结合资源环境容量、发展定位和城市化发展趋势，提出与人口的聚集和产业发展相匹配的城镇发展规模与结构。

城镇开发边界内的空间，按照存量建设用地区域、可开发新增建设区域和预留规划新增弹性区域三类实施分级管控，逐一确定各类规模控制总数及其管控措施。存量建设用地区域要结合现状分析和建设用地开发适宜性结果，划入保留的建设用地区域，并对存量建设用地的升级改造、综合利用提出针对性的措施；新增开发建设区域为规划的新增用地布局区域，要结合周边区域功能定位，做好区片功能和结构设计，为下级控制性详细规划提供指引；预留弹性区域是规划期内允许调整成可开发的建设用地区域，具体调整要符合时序安排和规模管控。

六、区域基础设施和公共服务设施配置

(一) 综合交通设施配置

加强城市综合交通枢纽配置，立足构建智能、综合、现代的对外对内交通网络，明确高速公路、一般公路、高速铁路、一般铁路、水运、交通枢纽和场站等交通设施的建设布局，形成不同运输方式和城市内外交通之间的顺畅衔接。提出规划期内尤其是近期重点项目安排。

(二) 能源水利设施配置

构建稳定、通畅、安全供电网络，超高速、大容量、高智能的通信网络和安全、稳定的城乡供水保障体系，明确规划近期重点建设项目安排。合理

安排电力供应网络建设和电力设施建设，注意输电线路及变电站布局对人口聚集用地规避和对自然风貌的破坏。水利供应设施要结合水资源条件，构建安全供水网络体系，做好清洁安全供水保障。

(三) 公共服务设施配置

统筹存量建设空间和新增建设空间对公共服务设施建设安排和服务的能力，合理配置公共教育、医疗卫生、文化体育、就业服务、社会保障和养老服务等公共服务设施，推进城乡基本公共服务均等化，实现公共设施资源配置与用地空间和人口聚集相匹配。坚持共享发展理念，合理规划建设广场、公园、步行道等公共活动空间，强化绿地服务居民日常活动的功能，大力推进无障碍设施建设。

(四) 综合防灾减灾建设

构建统一的地质灾害、干旱、洪水、林草火灾及农林有害生物等重大自然灾害早期监测和快速预警平台，建立健全反应灵敏的综合预警预防机制。针对当地比较突出或者可能面临的自然灾害提出规划减灾措施及防灾减灾建设工程。

七、推进国土空间整治修复

(一) 生态修复

第一，生态环境综合整治安排。提出生态网络布局和绿色基础设施的建设，针对水土流失、生物多样性损害、土地沙化、盐碱化和生态服务功能衰退的区域，提出生态环境综合整治方向和措施。

第二，线状景观生态综合整治安排。按照地域类型，营建具有多层次、多树种、多功能、多效益绿带，连接城乡绿色空间，提升环境质量，对区域内河流、铁路、公路等交通干线和河流沿线的风景带提出整治措施。

第三，土壤污染治理修复。以煤矿开采、油气开发区污染及重金属污染土地为重点，对污染土地提出用生物、物理、化学等多种技术进行治理修复。

第四，水环境治理，提出城乡污水管网、处理设施的布局和建设规模、地表水污染防控和治理、地下水污染防控、农业面源污染防控等举措。沿海市县应提出近岸海域污染治理和保护措施。

(二) 土地整治

第一，农用地整治。确定整治建设的重点区域，明确建设布局和项目，提出建设内容和要求。推进高标准农田建设和中低产田改造工程。

第二，城乡建设用地整治。结合发展条件和用地需求，明确农村建设用地、城镇工矿建设用地整理的安排，提出城乡建设用地整理的措施要求。

第三，低效建设用地再开发。统筹规划、明晰产权、利益共享、规范运作，提出棚户区、城中村等低效用地改造任务和措施，提升集约用地水平。

(三) 其他整治

第一，矿山环境恢复治理。区分地面塌陷、水土环境污染和固体废弃物占用等类型，提出废弃地复垦、污水和废弃物污染治理及生态修复方向和举措。

第二，海岸带整治安排。有针对性地提出海岸带整治措施，恢复海湾、河口海域生态环境。加强陆域污染控制，削减入海河流污染负荷。

八、中心城区及重点区片规划

(一) 确定城区发展目标

在用地现状、发展条件和限制因素等分析的基础上，提出城区的职能定位、规模管控、用地布局等要求，提出城区风貌定位与单元特色塑造要求，使发展更加科学合理、可行，为编制控制性详细规划提供指导和管控依据。

(二) 明确城区管控目标

坚持规模约束、边界管控，确定城区内人口总量、用地规模及各类用地结构等控制指标；明确城镇开发边界内空间管制措施，根据用地结构控制，确定可开发建设用地的主要用途及开发强度。

居住和公共设施用地根据人居环境要求和基础设施承载能力，确定上限控制指标；工业和仓储用地根据提高用地效率原则，确定下限控制指标；在不影响城市功能、不发生冲突的情况下，允许建设用地有一定的兼容性。

(三) 道路交通设施规划

树立"窄马路、密路网"的城镇道路布局理念，建设快速路、主次干路和支路级配合理的道路网系统，提高通达性；合理布局客货运枢纽、停车、加油(气)站、充电桩等配套设施，打造快速、便捷、高效的交通系统。

(四) 市政基础设施规划

从水资源供给、能源供应、信息通信安全等方向出发，以适度超前、保障发展为原则，明确区片重要市政基础设施布局方向、建设标准与用地规模，构建完善的城镇供水、雨水排出、污水处理、电力供应、燃气供应、城市供热、城市环卫、通风廊道等系统，形成全天候、系统性、现代化的城市运行安全、快捷的保障体系。

(五) 公共服务设施规划

稳步推进城镇基本公共服务常住人口全覆盖，规划确定教育、医疗、文化、体育、社会福利、行政办公等各类公共服务设施的位置、规模和用地安排，对现状保留与规划新建的各类公共服务设施提出规划建设控制要求。

(六) 重点绿地系统规划

合理确定区片内重要公园与绿地的数量、规模和用地范围，明确大致位置和控制要求，划定结构性绿线并明确管控措施；公园与绿地的布置应综合考虑服务半径，充分利用自然山体、河湖湿地、耕地、林地、草地等生态空间，推进海绵城市建设，提升水源涵养能力，促进水资源循环利用。

九、规划实施保障措施

(一) 规划审批备案

市县国土空间规划经上级政府审查同意后，由当地人民代表大会审议通过实施。

(二) 规划评估修改

定期评估国土空间规划的实施情况，客观分析规划目标、主要指标、空间优化的执行情况和相关部门规划对空间规划的落实情况。依据规划评估结果，对确需修改规划的，需报原审批机关同意后方能实施；对不涉及三条管控底线的内部管制用途调整，可报县级人民政府批准后实施。

(三) 用途转用许可

建立和完善严格的空间规划用途转用许可制度，严守生态、基本农田和城镇开发三条控制底线，严格控制三条红线之间的转变，特别是规划空间用途从优质耕地或生态用地向建设用地转换。

(四) 信息平台建设

建立一个基础数据共享、审批流程协同的信息平台，保障相关规划的空间布局安排符合国土空间规划确定的规划空间管制。并利用信息平台实现项目并联审批机制，形成"一个平台、一门受理、部门并联、限时办结"的审批机制。

(五) 规划激励机制

建立规划实施利益平衡机制，采用基金和财政补贴、税收优惠等政策，引导促进或限制某些投资和建设活动；通过实施基本农田和生态用地保护补贴等措施增加对耕地等战略资源保护、环境保护的财政转移支付，建立保护责任与财政补贴相挂钩制度，促进规划目标的实现。

(六) 规划实施考核

将规划实施情况纳入市县领导干部政绩考核，制订具有具体奖惩方式和力度的制度框架；加大国土空间规划主要管控指标权重，列入县区和乡镇领导干部政绩考核。

十、规划成果

(一) 总体规划文本

一般包含内容：国土空间开发利用状况和面临形势；资源环境承载状况与重大问题研究；规划区域发展定位与战略，规划目标与主要控制指标；国土空间开发保护格局优化与"三线"划定；生态、乡村、城镇空间规划与用途管制规则；城乡基础设施和公共服务设施配置；中心城区及重点区片规划；国土综合整治与生态修复安排；规划实施保障措施。

(二) 规划说明

主要包含内容：规划编制基础，规划编制依据，规划基础数据的采用。规划协调衔接，现有规划目标、空间的衔接情况，规划方案中有关区域发展定位、规划目标、空间格局和规划红线的衔接情况等。规划目标定位，规划区域定位和发展战略的确定依据，规划目标确定和规划指标体系构建依据，规划指标测算的依据。规划空间格局，国土空间总体格局确定依据。

三条红线划定，生态保护红线、基本农田保护红线、城镇开发边界的划定方法和结果，不同红线管控措施的提出依据。规划用途管制，生态空间、乡村空间、城镇空间及其他空间四类空间分级分类管控的思路，城镇空间内部用途划分和管制的依据。空间整治修复，生态、环境、土地、矿产等综合整治修复区域和重点项目确定的依据。规划方案论证，对规划方案进行组织、技术、经济可行性论证的结论以及规划方案实施后可能产生的社会经济、生态环境影响评价。此外，还包括其他重要情况。

第二节 国土空间规划管理

一、国土规划的概念

(一)"国土"的内涵

"国土"是指一个主权国家管辖下的地域空间，包括领土、领空、领海和根据《国际海洋法公约》规定的专属经济区海域的总称。在制定国土政策以及规划管理时，必须将国土内涵视为一个系统体系。只有这样，才能在国土规划时注意到自然资源开发与保护之间的平衡，都市与非都市地区的均衡发展，工业区的适当配置，多目标使用间的冲突与协调，维护合乎要求的空气与供水质量，文化历史遗迹的保存与保护以及社会总体与私人间开发成本的负担与利益的分享，世代之间福祉的均衡分配等问题。

(二)国土规划的含义

1. 规划的含义

规划是具有连续性与循环性的过程；规划在寻求一套系统性的、相关性的、连续性的最佳决定；规划产生具体、有效的最佳方案；规划在决定未来最佳行动方案以指导实现目标；规划是一种学习过程；规划在实施过程中必须不断地检讨、修订、扩充，始能进入理想境界。简而言之，规划是在理性的、全方位的思考与掌握现有的信息的情况下，发展出一套系统性的规划，以解决问题、达成目标。同时，规划者必须要不断地反思，规划的过程要有反馈的回路。

2. 国土规划的含义

所谓国土规划是从土地、水、矿产、气候、海洋、旅游、劳动力等资源的合理开发利用角度，确定经济布局，协调经济发展与人口、资源、环境之间的关系，明确资源综合开发的方向、目标、重点和步骤，提出国土开发、利用、整治的战略措施和基本构想。

国土规划是指为实现国土资源的开发、利用、整治和保护所进行的综合性战略部署，也是对国土重大建设活动的综合空间布局。它在地域空间内要协调好资源、经济、人口和环境四者之间的关系，做好产业结构调整和布局、城镇体系的规划和重大基础设施网的配置，把国土建设和资源的开发利用和环境的整治保护密切结合起来，达到人和自然的和谐共生，保障社会经济的可持续发展。

国土规划是根据国家社会经济发展总的战略方向和目标以及规划区的自然、社会、经济、科学技术条件，对国土的开发、利用、治理和保护进行全面的规划。是国民经济和社会发展规划体系的重要组成部分，是资源综合开发、建设总体布局、环境综合整治的指导性规划，是编制中、长期规划的重要依据。

3.国土规划的任务

国土规划是一个地区比较长远、全面、综合的发展构想。其主要任务是根据地区的发展条件，从其历史、现状和发展趋势出发，明确规划地区社会经济发展的主要问题，确定社会经济发展方向和目标，对地区国土资源的开发利用、整治和保护做出总体部署，对资源产业化的重大项目和国土建设活动进行统筹安排，并提出规划的实施政策和措施。

其基本任务是根据规划地区的优势和特点，从地域总体上协调国土资源开发利用和治理保护的关系，协调人口、资源、环境的关系，促进地域经济的综合发展。

具体任务：确定本地区主要自然资源的开发规模、布局和步骤；确定人口、生产、城镇的合理布局，明确主要城镇的性质、规模及其相互关系；合理安排交通、通信、动力和水源等区域性重大基础设施；提出环境治理和保护的目标与对策。

二、国土规划的层次性

层次性规划的目的首先在于解决现阶段的问题并预见未来可能发生的问题，进而提出一系列的解决对策，其层次可分为：策略性规划、管制性规划、作业管制规划。

策略性规划：此种规划主要是制定或变更大方针或目标，如何获得、利用及处分这些为达成此等目标所需的资源。管制性规划：此种规划主要在策略性规划设定的既定方针下，拟定如何有效能、有效率地利用资源，以实现既定的目标。作业管制规划：这是对于某特定工作如何有效能、有效率地实施计划。

(一)国土规划的层次性

国土规划是一项有层次、系统的"规划体系"。国土规划运作时，常将规划空间依规模大小划分成为若干层级，并在各层级建构各种规划运作理念与计划。例如，可将国土规划分为国土计划，区域计划，县市综合计划，特定区计划，市乡镇计划，街道、基地或建筑计划等层次。这些空间规划包括具有法定地位的计划以及只具建议性、参考性的非法定地位的计划。

上述这些计划具有上下级衔接关系，也常有平行地位的计划间的相互协调关系，在行政运作时习惯将这种计划间的关系称为"计划体系"。

在具体的规划制定过程中，各规划层次必须相互衔接而不重叠，即上一级规划层次的结果必须提供充分的原则和资料，作为下一级规划工作的依据，同时下层规划亦不重复上一层次既成的工作成果。下级在处于上位规划目标及政策指引下，但上级规划因下级规划深入研究的结果，可将目标及政策做适时适势的修止，以符合时势的需求。

以风景区规划为例，最上层的系统规划是为适应现在及未来的需求，制定风景特定区整体系统的分类，各种游憩功能及位置，确立每个功能区的发展方向，并界定与其他土地及资源使用间的相互关系；而在中层的基本计划，是对于区内各类游憩活动的分类及限制分析，并订定区内土地使用分区与管制，对于各种公共设施配置及管理规则，制订设计准则，作为各项主要设施设计的依据。

工作计划是将区位土地使用分区做细分，或对某些单项线状设施做进一步配置，制订保护或建设的依据，同时订定设计准则，作为各项设施及建筑物进行设计的依据。

(二)国土规划的管理理念

国土规划的管理政策：国土规划管理体制是指国土规划管理系统的结构和组成方式，即采用怎样的组织形式以及如何将这些组织形式结合成为一个合理的国土规划有机系统，并以怎样的手段、方法来实现国土规划的任务和目的。具体来说，国土规划管理体制是规定中央、地方、部门在各自方面的国土规划范围、权限职责、利益及其相互关系的准则，它的核心是国土规划管理机构的设置。

各管理机构职权的分配以及各机构间的相互协调，它的强弱直接影响到国土规划的效率和效能。与国土规划体系相对应，国土规划管理也是一个系统性工程，首先，最上层者为指导性政策，明确订立配合国家发展需要的国土利用政策目标，并拟定国土资源利用的各项配合政策，诸如土地政策、经建政策、环保政策等；其次为方向与目标政策，规范未来不同种类的土地使用的限制分区，分别订定土地使用计划与管制计划，同时配合相关法规的制定，使管理土地利用的行政机关在执行国土规划时行而有据。

一项公共政策的形成程序为问题发掘、政策规划、政策合法化、政策执行、政策评估五个阶段，所以，国土规划的管理政策由通过全国国土数据库的建立以界定国土规划与管理的问题，进而确立发展目标，继而制订各项行政计划。欲使国土规划得以有效率地执行，在建构国土规划的管理体系时，要重视立法的配合，有法治的基础才能使行政机关在执行规划时行而有据、推展顺利，使国家的空间秩序达到均衡。同时，建立起有效的专用制度，借以适时地调整不同部门间对于国土的需求，以维持国土空间的有效利用。

(三) 国土规划管理的基本原则

国土资源是人民所依存、进行生产建设和文化活动的基地，也是发展生产所需的各种物质和能量的源泉，总之是国家赖以生存的物质基础。完整的国土资源规划，是国家经济稳定发展的根基，国土规划的管理应遵循下列原则：以"可持续发展"为国土资源利用的最高目标，国土资源的规划与管理必须在自然环境容受力的范围内改善人类的生活品质。国土规划是提倡新的土地使用伦理，在维持土地资源可更新与同化力的稳定状态下，增进人类生活质量享受的土地利用方式。

建立国土利用的系统整体观，对于国土的开发利用管理，要基于全国国土的信息，做全面性的科学规划，合理开发利用国土资源，进行生产力合理布局，并兼顾自然资源开发与保护，调和国土多目标、多用途间的冲突与维护环境质量的水平，保存文化历史的遗迹，力求资源分配的公平、社会与私人间开发经济成本的负担和利益的分享，同时力求世代内与世代间的福祉均衡分配。

国土规划要立足国情，我国已经进入全面建成小康社会决胜阶段，加快推进社会主义现代化建设、完善市场经济体制、推动经济结构调整、促进区域经济协调发展、加快城市化进程、提升对外开放水平等，都对国土规划工作提出了新的更高要求。我国人口规模持续增加、资源环境与经济发展矛盾日益突出、城乡和地区差距扩大、就业和社会保障压力增大等，也使国土规划工作面临严峻挑战。

国土规划工作要以党的思想和发展观为指导，遵循自然规律、经济规律和市场规律，正确处理全局与局部、长远与即期、市场调节与宏观调控、经济社会发展与资源环境保护等重大关系，保障经济社会可持续发展。

三、国土规划管理的基本方法

(一) 程序性管理

政府在国土规划制订活动中，设计出相对完善的程序，一方面尊重相关主体的主观能动性；另一方面用程序规制能动性的发挥，克服不确定性和不统一性，防止规划编制主体和执行主体的机会主义行为。

(二) 评价性管理

通过制定评价标准和上级行政要求，对国土规划工作成果加以评价、审核，从而使工作成果能合乎要求。

(三) 司法性管理

国土规划的司法性管理主要是由国务院或自然资源部等行使的，对下级组织或个人的正式权力，可以从整合性的角度解决规划涉及不同部门间的争议。

(四) 工具性管理

国土规划的工具性管理指利用奖励为诱因，促使规划的制定和执行工作顺利进行。各地方为了争取财政补偿，必须满足上级颁布的规范或准则。

(五) 专业性管理

国土规划的专业性管理指依赖组织内的专家知识和长期形成的价值标准，作为规划控制的依据。

(六) 公众与外部团体的压力管理

一般民众和学术界对可能出现问题的国土规划方案的反对意见，不经过科层制度的反映或申诉，通常通过大众传播媒介或有公众参与的途径，形成不合理规划推行的压力。

四、国土规划与管理的理论基础

国土规划除了受到实体因素影响之外，也应该考虑到社会与经济结构、自然环境、生活环境等因素的影响。以下从传统、全球化和可持续发展三方面对国土空间结构理论进行阐述。

(一) 传统的空间规划理论

1. 德国的古典区位理论

古典区位理论主要采用新古典经济学的静态局部均衡分析方法，以完全竞争市场结构下的价格理论为基础来研究单个厂商的最优区位决策，主要是将空间关系与距离因素导入经济学领域。古典区位理论从区位配置的效率出发，研究经济活动的空间类型与活动分布，目的在于解释一些具有特殊空间特性的现象。

2. 最优城市规模理论

最优城市规模理论主要说明都市实质规模的不断扩大，将会导致都市中"聚集经济效益"的逐渐减少。都市最优的规模并非固定不变，其规模会随着居民的偏好而异。另外，都市最优的规模不应只考虑公共服务成本，也应考虑生活质量、生产效率、劳动生产力、收入水平所导致的差异。

3. 中心地理论

中心地理论模型用来预测理想城市规模的分布与功能。它认为都市成长取决于其服务功能的专业化，一个地区的居民所需要的商品及服务是由某一地区范围来供给；仅有少部分地区将提供较高层级的商品及服务，而此少部分地区即形成城市或称中心地。阶层越高的中心地，能服务越多的人口数量，所提供之商品与服务种类数目也越多。

（二）全球化冲击下的空间规划理论

1. 流动空间理论

"流动空间"可以是由电子数据所构成的信息社会，其主要由节点（Node）与核心（Hub）所构成，通过电子网络联结特定城市国家（核心）与其他地方（节点）。流动空间取代了传统地域性的空间结构，国家、跨国公司、小型企业等组织需具备弹性（Flexibility）与网络（Networking），才能面对复杂且经常变动的需求，而生产行为不再需要依赖特殊的地域特质来完成，仅需透过新的信息科技，横越城市、国家做全球性的联结。

2. 全球城市理论（Global City）

在经济全球化下时代，全球经济体系的重组，形成中心与边缘的都市阶层（Urban Hierarchy）与世界都市体系，亦形成全球城市（Global Cities）。全球城市在全球经济体系中扮演财务管理、生产管理、研发、设计、营销策略、行政管理等指挥控制中心的角色与功能，并向跨国组织提供最先进的服务、财务金融、研发技术等必要性设施。

3. 全球城市区域理论（Global City Regions）

一个已扩张的巨大城市区域正在形成中，跨越早期核心、边缘空间组织系统，形成"无国界的世界"。而世界各个地方凭着其地区内部的社会制度、结构，发展其特殊的文化，形成区域经济体，并借此地方特殊性构成其竞争优势（所谓在地条件），包括地理邻近的资源共享、研究机构的研发合作与厂商竞争所激发的创新等。世界各地凭借其地方竞争优势的优劣，而成为世界主要的核心经济地区或是边缘地带。

（三）可持续发展概念下的空间规划理论

1. 成长管理理论

成长管理是利用政府种种的传统及改良的技术、工具、计划与方案，企图指导地方上的土地使用形态，包括土地开发的态度、区位、速度与性质。实施成长管理的目的在于应对都市快速成长所造成的外部性问题，通过规划策略的运用，提升土地使用与公共设施的配置效率，降低无效率的都市蔓延以及塑造美丽的都市发展形态和都市景观，减轻政府财政的负担。

2. 紧密都市理论（Compact City）

紧密都市理论是近年来由美国提出的都市管理理论之一，希望都市朝向较密集的发展，达到节约能源消费与公共支出的目的。紧密都市理论主张都市可在一个固定范围内发展，都市可以提供不同的混合使用，借此达到公共设施、设备与功能的集中。减少居民交通的数量，可减少对私人交通工具的依赖与使用；减少对水、电热、空间的需求量，使能源消耗达到最小，生活形态可以自给自足。

3. 新都市主义理论（New Urbanism）

"新都市主义"理论是一个复杂的系统概念，它不仅注重社区的整合，而且注重考虑机会成本、时间成本与居住舒适的结合，并注重避免奢侈布局对环境的破坏、对土地和能源的过度耗费。首先，它必须是位于城市中心的物业，这样才能最大限度地利用城市资源，包括最好最便捷的医疗、消费、教育服务等。其次，物业所处的环境很好。外部环境上，它具有广场、湖景等具有强烈时代特征、人文特色的外部资源；内部环境上，它非常强调物业本身的品质，从规划设计、建筑设计到园林设计都具备一流的水平。最后，它还是一个不能和别的物业形式相混合的纯住宅物业。

4. 智能型增长理论（Smart Growth）

智能型增长理论通过综合考虑土地利用效率、社会公平、地方财政、环境资源、交通计划、都市再开发等内容，以解决市中心衰退所造成的土地利用与犯罪问题，避免都市分散蔓延发展吞蚀环境资源及居住、就业失调问题，减少都市过度开发造成的自然环境灾害，减缓公共设施提供的财政压力。

第三节　国土空间开发格局优化的思路

一、优化国土空间开发格局的原则和目标

(一) 优化原则

1. 处理好开发与保护的关系，贯彻依据自然条件适宜性开发的理念

不同的国土空间，自然状况不同。海拔很高、地形复杂、气候恶劣以及其他生态脆弱或生态功能重要的区域，不适宜大规模高强度的工业化、城镇化开发，有些区域甚至不适宜高强度的农牧业开发，否则将对生态系统造成破坏，对提供生态产品的能力造成损害。

因此，必须更加注重开发与保护的关系，尊重自然、顺应自然，根据不同国土空间的自然属性确定不同的开发内容。对生态功能区和农产品主产区，不适宜或不应该进行大规模、高强度的工业化、城镇化开发，难以承载较多的消费人口，必然要有一部分人口主动转移到就业机会多的城市地区。

同时，人口和经济的过度集聚以及不合理的产业结构也会给资源环境、交通等带来难以承受的压力，必须根据资源环境中的"短板"因素确定适宜的可承载人口规模、经济规模以及产业结构。

2. 处理好集聚与区域协调发展的关系

把以人为本放在更加突出的位置，发达国家发展经验证明，一国在其起飞和走向成熟阶段的经济快速增长和城市化过程中，其生产与人口空间分布的演变具有"宏观上持续聚集，微观上先集中后分散"的规律性，但由此也会造成生产与人口在地域分布上的"过密和过疏"问题。

在我国，区域发展差距过大，2亿多人口常年大流动及带来的种种社会问题，水资源和能源大规模跨区域调动的压力日益增大，超大城市资源环境的"不堪重负"等问题，其实质都是市场机制作用下的空间失衡，主要是没有处理好集聚与区域协调发展的关系，造成资源、能源及人口分布与经济活动的严重不协调。因此，今后国土空间开发要把空间中人的公平放在更加突出的位置，正确处理好集聚与区域协调发展的关系，正视区域资源环境背景差异以及日益凸显的城乡间、地区间发展水平差异所带来的社会失衡问题，

拓展国土开发的空间战略纵深，促进人口与经济分布的相对均衡，因地制宜地引导或者约束区域的开发和发展，协调城乡关系；通过财政转移支付等政策手段，逐步缩小地区社会发展的差距。

3.更加注重市场机制的基础性作用

突出经济区域的培育与发展，我国现行行政管理体制既赋予了地方政府对所辖区域社会经济发展过多的行政管理权，又给予了地方政府过多的经济增长压力（如主要考核干部的 GDP、财政收入、吸引投资等指标所带来的巨大压力），行政区经济仍然主导着我国区域经济发展和国土空间开发，阻碍生产要素的自由流动和资源的高效利用。

尽管区域规划缓解了这种各自为政的"小而全"问题，但很可能产生新的、以区域为单元的"大而全"的无序竞争现象。

因此，在未来国土空间开发中，要更加注重市场机制在国土开发中的基础性作用，理顺地域间的正常经济联系，加强以经济联系为基础的城市群和经济区建设，将打造扩大地区间的地域联系的经济带作为国土空间开发的重要形式；适应经济全球化发展的新形势，充分考虑与周边国家的联系，注重国际经济要素的利用，加强国际次区域地区的合作发展。

4.更加注重国土安全

突出生存安全和民族、边疆地区的繁荣稳定，引入国土安全观，从保障国土安全的战略高度，对危及国家生存的粮食安全、战略性资源能源安全、生态安全等要强化国土空间保障，明确空间对策；从民族团结和边疆稳定的战略高度出发，更加重视民族、边疆地区经济社会的发展，将民族、边疆地区的开发建设作为国土空间开发的重点，纳入国土开发的重要战略部署。

(二) 优化国土空间开发的战略目标

1.高效、节约、疏密有致的国土空间

形成高效、节约、疏密有致的国土空间开发格局。坚持集约节约、资源高效配置的原则，引导全国及各地区产业和人口的合理集聚，形成与自然环境条件相适宜的疏密有序的发展格局。强化都市圈、城市群以及经济带的集聚功能；通过产业、功能提升和支撑保障体系的构建，优化经济区的空间结构，形成集约化、高效率、节约型和现代化的发展与消费的空间格局；依托点—轴系统，促进城乡之间、经济核心区与周边地区的协调发展；贯彻基本公共服务均等化原则，加大国家对欠发达地区的支持力度，促进民族地区、边疆地区和贫困地区经济社会发展。

2.建设绿色、安全的国土

建设绿色、安全的国土，构建国土安全屏障，促进生态保护与修复的结合，加强生态敏感地区保护和生态退化地区整治，逐步恢复重要河湖江源及滨海湿地功能。提升预防和应对重大自然灾害风险的能力；以人为本，形成以水网和开敞空间为支撑的绿色国土。

3.融入全球经济体系的开放国土

融入全球经济体系的开放国土，提高国际竞争力，构建保障可持续利用国际资源的支撑体系。包括提升沿海深水港口及其集疏运系统的能力、沿边能源矿产资源保障的战略通道建设；强化长三角、珠三角、京津冀地区国际功能，提升我国参与国际竞争、主动融入全球经济体系的能力；构建与周边国家战略合作的次区域经济圈，包括东北亚次区域合作、中亚次区域合作、东南亚次区域合作、南亚次区域合作等。

二、优化国土空间开发格局

优化国土空间开发格局应采取政府与市场相结合、控制与引导相结合、空间落实与空间弹性相结合，针对目前开发建设各自为政、资源利用无序竞争、空间开发管治失效等宏观突出问题，要从空间战略、空间组织、空间管治及空间管理等多个层面进一步明确优化国土空间开发格局的基本途径。

（一）实施区域协调发展战略与主体功能区战略

对国土空间开发进行总体战略部署，对于我国这样一个国土辽阔、地区差异大的大国，国土空间的开发管理要引导与管制相结合，国土空间开发格局要相应体现这两方面的内容：既要包含"引导开发"的内容，也要包含"管制开发"的内容。

国土空间开发应着重解决"在哪开发、如何开发、开发什么、开发到什么程度"四个问题。全国主体功能区规划重点回答了我国国土空间"开发什么、开发到什么程度"的问题，但对"在哪开发、如何开发"并没有充分地阐述；区域发展总体战略将我国的国土空间划分为四大地区，但仍然存在空间尺度过大、空间划分过粗、空间组织不太明朗等问题。

因此，我国国土空间开发总体战略部署应在完善区域发展总体战略的基础上，整合提升区域发展总体战略和主体功能区战略，围绕"在哪开发、如何开发、开发什么、开发到什么程度"四方面的内容建立全国统一的、"一盘棋"的总体蓝图。与此同时，为了便于国土空间开发总体部署与区域发展总体战略有所差别，建议将区域发展总体战略改为区域协调发展战略。

(二) 引导人口与经济协同集聚

拓展国土开发空间战略纵深，我国国土开发与经济布局的重点主要集中在沿海地区，近些年又开始逐步转向长江沿岸地区，由此就奠定了"T"字形战略布局的基本框架。经过多年的重点开发，沿海地区的经济实力和自我发展能力大大增强，目前已经成为支撑我国经济增长的战略高地；沿海地区的长三角、珠三角、京津冀三大城市群也成为我国发展的经济核心区和引领区。可以说，以沿海为重点的国土空间开发，有力促进了全国经济的高速增长和国家整体竞争力的提升。

(三) 推进集中集群集聚发展

在不同类型区域形成不同规模的集聚空间，集聚是一个国家或地区区域经济发展普遍存在的经济地理现象。克鲁格曼首次运用主流经济学的研究工具对这一现象进行了深入的理论研究，认为：在工业品占主导的社会里，资本与人口的流动与聚集，将扩大聚集地的最终消费品市场和中间投入品市场，使厂商降低成本，获得规模效益，消费者从聚集中得到更多样化更廉价的商品和服务；集聚经济的存在，各种产业和人口的聚集是一种自我加强的过程，即使初始条件完全相同的地区，也会因一些较小的变化引发"因果循环累积"机制，使生产集中分布。

集聚在不同尺度空间范围内其集聚速度是有所差别的，世界发展报告研究认为，经济力量运作的地理空间并非真空，集中的速度因地理标度的不同而相异，地方层次的生产和人口集中的速度最快，国家层次的集中稳步进行，国际层次最慢。对于国土辽阔、地区差异大的我国，集聚同样在全国范围内的不同尺度空间、不同类型区域同时进行，只是呈现小尺度空间集聚速度快、大尺度空间集聚速度慢；东部地区集聚速度快、中西部地区集聚速度慢等特点。

受此影响，我国将在全国范围内形成规模大小不一的集聚空间体系，只是其主体形态的表现形式不一，有的以城市群的形式出现，有的以中心城市、县城和小城镇等空间载体形式出现。适应区域经济发展的一般规律，推进经济活动集中集聚发展，引导在不同尺度空间、不同类型区域形成规模不一的集聚空间。

1. 在城市群地区采用网络开发模式

在城市群地区应体现网络开发模式，全面加快跨地区基础设施网络的建设步伐，尽快完善大中小城市之间的快速交通主干道建设，加快区域经济一体化步伐。注重城市群内部中小城市与大城市的分工协作，通过网络型基础设施建设，强化中小城市之间、中小城市与大城市之间的经济联系，充分发挥大城市的集聚、辐射和服务功能，促进土地和空间的集约利用，实现区域协调的网络型面状发展。按照"经济与人口协同集聚"的原则，大力加强农民工市民化进程。

2. 人口稀疏、产业基础弱的地区采用据点开发，发展区域中心城市

在人口稀疏、产业基础弱的城市群以外地区应体现据点开发模式要求。第一，应围绕重点城市（如主要省会城市、地级市）集中建设区域性基础设施，以吸引产业和人口向城市聚集，同时降低设施建设成本。第二，各重点开发据点之间，它们与人口和城镇密集地区的联络交通线，要采取大容量、集中式、以主干线为主的方式加以解决，以提高交通网络的效益。第三，要通过人口迁移，逐步减少生态脆弱地区的人口，减轻生态压力，增强其生态服务功能，并通过财政转移支付、优化生态补偿等途径弥补其发展机会损失。

3. 人口密集、产业基础不强的地区采用"点—轴"开发，发育发展轴或经济带

在人口密集，但产业基础不强的地区，近期应以强化中心市为重点，打造发展轴和经济带为目标，培育都市圈和城市圈。一要增强核心城市的服务功能；二要在此基础上，依托区际交通干线，打造重点发展轴线，通过核心

城市和轴线带动区域发展；三要着眼长远，培育都市圈和城市圈，城市密集的地区有可能形成新的城市群。这类地区的"点—轴"开发模式，要注重通过强化核心城市和轴线的服务功能，缩小城乡间发展机会的差距，促进城乡统筹发展。

三、实施"4+3"的空间管治模式，推进空间功能差异化发展

我国地域辽阔，各地区的自然地理环境条件分异显著，决定着各地区国土功能和开发利用目标是不同的。不仅如此，我国各地区支撑经济建设的资源系统和生态基础大不相同，对外对内联系条件和区位条件因地而异，经济社会发展水平和经济技术基础差距很大。

因此，各地区在全国经济、社会、资源、生态系统中所履行的功能应当是不同的，空间功能差异化发展成为国土空间开发利用的必然趋势和现实选择。

编制并实施主体功能区规划是我国推进国土空间主体功能差异化发展，规范国土开发秩序，控制开发强度，推进形成人口、经济、资源环境相协调的国土空间的重大战略部署。我国颁布实施了《全国主体功能区规划》，明确提出：依据各区域的资源环境承载能力、现有开发密度和发展潜力，统筹考虑各个区域在全国总体发展格局中的任务，以约束开发冲动为主旨，以开发强度和开发功能为坐标对各区域的开发建设做出了合理的强制性安排：从开发强度的角度确定了优化开发、重点开发、限制开发、禁止开发等四种开发管制方式；从开发功能上明确了城市化地区、农产品主产区、重点生态功能区三种开发管制类型，形成了"4+3"的国土开发空间管制模式。这种"4+3"空间开发管制模式对国土空间从"开发什么、开发到什么程度"进行了明确的限制，符合我国的基本国情，在今后的国土开发中应一以贯之。

但主体功能区规划对国土开发活动的约束只是以主体功能为发展方向性的要求，在开发强度上是宏观性、原则性要求，不涉及具体的强制性约束，难以达到对国土空间开发应有的管制效果，应该从以下两个方面加以完善。

（一）设立生态空间的"底线"

目前，在珠三角、长三角等地区，随着工业化和城镇化的快速推进，城

市建成区向四周农村地区迅速蔓延，不断吞噬着农田和生态空间，有些相邻城镇和工业区已连成一片，形成漫无边际、缺乏生态空间的"水泥森林"。有的城市甚至提出要消灭"农村"。

显然，缺乏足够生态空间的城市是不宜居的。从适宜人居的角度看，不仅需要良好的生产和工作空间，更需要良好的居住、生态和休闲空间。因此，对于不同类型的国土空间，需要科学地设置生态空间的底线。比如，在主体功能区规划中，优化开发区生态空间的比重一般不低于30%，重点开发区不低于40%，限制开发区不低于80%，禁止开发区不低于95%。只有这样，才能使各地区真正走上生产发展、生活富裕、生态良好的文明发展之路。

（二）设置开发强度的"高限"

强化国土空间管治，就必须有一些约束性的指标。目前，在国家主体功能区规划中，除禁止开发区带有约束性或强制性外，优化开发、重点开发和限制开发区域中的主体功能只是引导性的，不具有强制性。所以，在这三类主体功能区中，应该设置开发强度的高限。对优化开发区、重点开发区的城市地区，也应相应设置开发强度限制。对于限制开发区域，进行点状开发，设置相应的开发强度高限。

建立"中心城市—都市圈—城市—经济区"区域空间体系，逐步形成"发展轴—城市群—经济区"空间结构。随着城镇化水平的逐步提高，尤其是城市化水平超过50%之后，国土空间结构将加快进入"大都市区时代"，它的发展前景主要取决于系统内部的组织化程度。

遵循系统发展的内在规律，增强空间结构的有机组织性，由一盘散沙、无序开发变成一个有机整体，是我国现阶段国土空间开发面临的重大任务。

在市场经济条件下，经济空间的发展演变有可能是有秩序的进一步优化，也有可能是无序发展过程。规范经济空间组织的目的就是引导人类经济社会活动在空间安排上的秩序化，期望通过合理的经济空间组织促进经济社会快速、健康和可持续发展。

建立"中心城市—都市圈—城市群—经济区"区域空间体系，在我国，依托中心城市建设大都市，依托大都市进而依次形成都市圈、城市群、经济区是地域空间开发的基本演进过程和特征。以"中心城市—都市圈—城市群—经济区"构建我国区域空间体系是比较科学合理的。为了厘清这一区域空间概念体系，需要将相类似的概念进行归并，如可将概念内涵较为相似的都市区、都市圈、大都市区统归为都市圈；相应将城市带、城市连绵区、都市连绵区、都市连绵带等统归为城市群。都市圈、城市群和经济区具有如下联系和区别。

有相互包含的关系。都市圈依托功能强大的中心城市也就是大都市，大都市是都市圈形成的基本条件。城市群由一个及以上都市圈组成，经济区则是以城市群为核心的区域综合体。

界定标准考虑的因素有差异。都市圈界定的标准有两个核心的要素，一是中心城市人口及经济的规模。二是外围地区到中心城市的通勤率。城市群界定的标准既要有人口总规模，而且对总面积、人口密度、城镇密度都有明确的要求。

分工协作程度不同。都市圈、城市群内部经济联系紧密，分工协作的程度高；都市圈分工协作的程度应高于城市群；经济带和经济区内的分工协作最为松散。

加强对基本农田保护区、战略性资源能源储备区、生态保护区的控制，强化粮食、能源和生态安全保障，发达国家的经验表明，事关国家安全的空间保障在国土空间开发中具有十分重要的地位。在市场经济国家，各种经济活动受市场引导，国家不能强行控制。但这些国家对战略性资源、环境通过空间规划实行刚性控制。

例如，美国建立了战略性资源储备区，并通过公共用地规划在空间上对如国家公园等需要保护地区的用地类型做出了严格的限制。我国人口众多、关键性资源短缺，着眼未来，为确保经济社会可持续发展，也必须明确事关我国粮食、能源和生态安全的保护空间，对全国范围内的基本农田保护区、战略性资源能源储备区及重点生态保护区实行刚性控制。

(三) 严格控制基本农田保护区

第一，稳定基本农田数量和质量。严格按照土地利用总体规划确定的保护目标，依据基本农田划定的有关规定和标准，参照农用地分等定级成果，划定基本农田，并落实到地块和农户。

第二，严格落实基本农田保护制度，其他各类建设严禁占用基本农田；确需占用的，须经国务院批准，并按照"先补后占"原则，补划数量、质量相当的基本农田，将基本农田的变化情况纳入年度变更调查，进行"五级"备案。

第三，确定一些集中连片、优质高产的基本农田作为重点保护区，实行重点监管、重点建设；通过卫星遥感动态监测等手段定期对重点城市或区域基本农田的动态变化情况进行监测，发现问题及时纠正。

(四) 建立战略性资源储备区

建立战略性资源储备区既可以保证战时的国家安全需要，也可以保证平时的经济安全需要，更重要的是，可以在尖端科技研发领域占据优势领先地位。许多国家基于国防目的的战略资源储备并未停止，基于经济安全和科技领先目的的储备则在很大程度上有所加强。

从现实情况来看，我国人口众多，人均资源占有率很低，资源相对短缺，对外依存度日益增大，随着经济的快速发展，粮食、石油、稀有金属等战略性资源短缺对我国经济安全与经济发展构成的威胁越来越大，资源安全已成为 21 世纪影响国家安全的重要内容。为维护国家安全和经济社会可持续发展，避免其他国家利用资源牌对我国进行打压和控制，除了挖掘国内资源潜力提高资源利用效率外，完全有必要建立战略性资源能源储备体系，划定战略性资源能源储备区。

一般来说，战略性资源指尖端科技和国家安全所必需的，国内供应无法充分满足需求并且国外供应有限，有可能达到急缺危险点的矿产。它一般包括涉及国计民生的、稀缺的重要矿产资源，主要是指稀缺矿种、关键矿种、重要矿种的稀缺品种三方面的战略资源储备。既包括石油、铀矿等关键矿种，也包括镍矿、锰矿等稀缺矿种，还包括主焦煤等煤炭稀缺品种、稀土等国内蕴藏丰富但国际紧缺的重要矿种。

在我国，根据自然资源部公布的《全国国土规划纲要》，石油、铀、煤炭、铁、铜、铝、锰、铬、钾盐、稀土、钨等可列为我国的战略性资源。对战略性资源储备区的建设要统筹规划，切实从可持续发展角度考虑资源储备以及资源的开发时机，建立一批矿产资源战略储备基地，对优势矿产地"留而不开"。

(五) 建立生态安全保护区

生态安全是我国实现可持续发展的基本保障。对全国或较大区域范围内生态安全有较大影响力的区域，主要包括天然林保护区、草原区、水源保护区、自然灾害频发地区、石漠化和荒漠化地区、水资源严重短缺地区、水土流失严重地区等。这些区域生态环境脆弱，是难以支撑大规模人口和经济集聚的区域。今后生态保护区的主体功能定位是：保护自然生态系统及生物多样性，重视自然环境的支撑能力和生态系统承受能力建设。在此基础上，根据发展条件，适度建设、局部开发，为全国可持续发展提供生态保障。对于生态保护区提高人民生活水平的问题，必须采取政府扶持为主体，加大财政转移支付力度，建立区域间生态补偿机制，健全公共服务体系，并逐步减少人口数量。

根据《全国主体功能区规划》，我国生态安全保障地区主要包括：大小兴安岭森林生态功能区、长白山森林生态功能区、阿尔泰山地森林草原生态功能区、三江源草原草甸湿地生态功能区、若尔盖草原湿地生态功能区、甘南黄河重要水源补给生态功能区、祁连山冰川与水源涵养生态功能区、南岭山地森林及生物多样性生态功能区、黄土高原丘陵沟壑水土保持生态功能区、大别山水土保持生态功能区、桂黔滇喀斯特石漠化防治生态功能区、三峡库区水土保持生态功能区、塔里木河荒漠化防治生态功能区、阿尔金草原荒漠化防治生态功能区、呼伦贝尔草原草甸生态功能区、科尔沁草原生态功能区、浑善达克沙漠化防治生态功能区、阴山北麓草原生态功能区、川滇森林及生物多样性生态功能区、秦巴生物多样性生态功能区、藏东南高原边缘森林生态功能区、藏西北羌塘高原荒漠生态功能区、三江平原湿地生态功能区、武陵山区生物多样性及水土保持生态功能区、海南岛中部山区热带雨林生态功能区。

(六) 理顺政府与市场的关系

基础靠市场，调控靠政府，理想的国土空间开发格局的形成取决于多种因素以及这些因素之间的相互作用。在这些因素中，既有客观的，也有主观的；既有自然的，也有人文的；既有历史的，也有现实的；既有经济的，也有社会的。毫无疑问，政府和市场在这个过程中发挥更为重要的作用。在市场经济条件下，市场是配置资源和要素的基础性力量，形成理想的国土空间格局应主要依靠市场力量推动。然而，资源和要素在空间上配置的过程，可能是一个正外部性和负外部性不断产生的过程。

设立开发区，吸引外资进入，将改善这些地区的产业配套条件，增强承接产业转移的能力，提高这些地区经济和人口的承载力，从而产生显著的正外部性。

在生态功能区进行资源开发，有可能破坏这些地区的生态环境，减弱这些地区的生态功能，从而产生显著的负外部性。要形成理想的国土空间开发格局，必须在资源和要素配置的过程中，鼓励正外部性的产生，抑制负外部性的出现。

另外，理想的国土空间开发格局的形成，也是一个创造公共产品的过程。如对自然保护区的保护，有助于提高自然生态系统的生态修复能力，维护生物的多样性，从而增强各类自然保护区为人类提供"生态服务"的能力。受惠于这种服务的不仅有自然保护区及毗邻自然保护区的公众，而且有远离自然保护区的公众。因此，自然保护区提供的生态服务，有些具有区域性公共物品的性质，有些具有全国性公共产品的性质，有些甚至具有全球性公共物品的性质。

在存在外部性的场合和公共产品生产领域，市场经常会失灵。仅靠市场的作用，那些具有正外部性的活动（如改善产业配套条件的投资）难以充分开展，那些具有负外部性的活动（如生态地区投资建设高污染高排放的企业）却可能开发过度，公共产品的供给（如各类自然保护区提供的生态服务）也不会满足经济社会发展的需要。因此，优化国土空间开发格局，还必须适当发挥政府的作用。

总而言之，优化国土空间开发格局，既离不开市场，也离不开政府，要正确处理好政府和市场的关系。市场是基本力量，政府是不可或缺的调控主体；市场发挥作用的前提是政府设计合理的政策体系，政府发挥作用的条件是选准作用的领域——主要弥补市场的不足，而不是替代市场的作用。

具体来说，政府在优化国土空间开发格局的主要职责是：明确不同国土空间的功能定位并据此配置公共资源，完善法律法规和区域政策，综合运用各种手段，引导市场主体根据经济空间组织框架和相关区域主体功能定位，有序进行开发，促进经济社会全面协调可持续发展。

对都市圈、城市群及经济区的形成，主要依靠市场机制发挥作用，政府职责主要是通过编制规划和制定政策，加强基础设施建设，引导生产要素向这类区域集聚。对生态功能区、农田保护区等，要通过健全法律法规和规划来约束不符合要求的开发行为，通过建立补偿机制、转移支付等政策提高基本公共服务水平，引导地方政府和市场主体的经济行为。

第四章 城乡规划的基本体系

第一节 城乡规划的基本概念

一、城乡规划的含义

城乡规划是各级政府统筹安排城乡发展建设空间布局、保护生态和自然环境、合理利用自然资源、维护社会公正与公平的重要依据，具有重要公共政策的属性。城乡规划是以促进城乡经济社会全面协调可持续发展为根本任务、促进土地科学使用为基础、促进人居环境根本改善为目的，涵盖城乡居民点的空间布局规划。

城乡规划的公共政策属性如下所述。

(一) 宏观经济条件调控手段

城市规划通过对城市土地和空间使用配置的调控来对城市建设和发展中的市场行为进行干预，从而保证城市的有序发展。

(二) 保障社会公共利益

城市规划通过对社会、经济、自然环境等的分析，结合未来发展的趋势，从社会需要的角度对各类公共设施进行安排，并通过土地使用的安排为公共利益的实现提供基础，通过开发控制，保障公共利益不受损害。

(三) 协调社会利益，维护公平

社会利益涉及多方面，城市规划的作用主要指对土地和空间使用所产生的社会利益进行协调。

(四) 改善人居环境

城市规划综合考虑社会、经济、环境发展的各方面，从城市、区域等方面入手，合理布局各项生产和生活设施，完善各项配套，使城市的各个要素在未来发展过程中相互协调，提高城乡环境品质。

二、城乡规划的基本特点

(一) 综合性

城市的社会、经济、环境和技术发展等各项要素既互相依赖又互相制约，城市规划需要对城市的各项要素进行统筹安排，使之各得其所、协调发展。综合性是城市规划最重要的特点之一，在各个层次、各个领域以及各项具体工作中都会得到体现。例如，考虑城市的建设条件时，不仅需要考虑城市的区域条件，包括城市间的联系、生态保护、资源利用以及土地、水源的分配等问题，还需要考虑气象、水文、工程地质和水文地质等范畴的问题以及城市经济发展水平和技术发展水平。当考虑城市发展战略和发展规模时，就会涉及城市的产业结构与产业转型、主导产业及其变化、经济发展速度、人口增长和迁移、就业、环境 (如水、土地等) 的可容纳性和承载力、区域大型基础设施以及交通设施等对城市发展的影响，同时也涉及周边城市的发展状况、区域协调以及国家的政策等。当具体布置各项建设项目、研究各种建设方案时，需要考虑该项目在城市发展战略中的定位与作用，该项目与其他项目之间的相互关系以及项目本身的经济可行性、社会的接受程度、基础设施的配套可能以及对环境的影响等，同时还要考虑城市的空间布局、建筑的布局形式、城市的风貌等方面的协调。城市规划不仅反映单项工程涉及的要求和发展计划，而且还综合各项工程相互之间的关系。它既为各单项工程设计提供建设方案和设计依据，又需要统一解决各单项工程设计之间技术、经济等方面的种种矛盾，因而城市规划和城市中各个专业部门之间需要有非常密切的联系。

(二) 政策性

城市规划是关于城市发展和建设的战略部署，同时也是政府调控城市空间资源、指导城乡发展与建设、维护社会公平、保障公共安全和公众利益的重要手段。因此，一方面，城市规划必须充分反映国家的相关政策，是国家宏观政策实施的工具；另一方面，城市规划需要充分协调经济效益和社会公正之间的关系。城市规划中的任何内容，无论是确定城市发展战略、城市发展规模，还是确定规划建设用地、确定各类设施的配置规模和标准，或者城市用地的调整、容积率的确定或建筑物的布置等，都关系到城市经济的发展水平和发展效率、居民的生活质量和水平、社会利益的调配、城市的可持续发展等，是国家方针政策和社会利益的全面体现。

(三) 民主性

城市规划涉及城市发展和社会公共资源的配置，需要代表最广大人民的利益。正由于城市规划的核心在于对社会资源的配置，因此，城市规划就成为社会利益调整的重要手段。这就要求城市规划能够充分反映城市居民的利益诉求和意愿，保障社会经济的协调发展，使城市规划过程成为市民参与规划制订和动员全体市民实施规划的过程。

(四) 实践性

城市规划是一项社会实践，是在城市发展的过程中发挥作用的社会制度。因此，城市规划需要解决城市发展中的实际问题，这就需要城市规划因地制宜，从城市的实际状况和能力出发，保证城市的持续有序发展。城市规划是一个过程，需要充分考虑近期的需要和长期的发展，保障社会经济的协调发展。城市规划的实施是一项全社会的事业，需要政府和广大市民共同努力才能得到很好的实施，这就需要运用社会、经济、法律等各种手段来保证城市规划的有效实施。

三、城乡规划的分类

(一) 城镇体系规划

城镇体系是指一定区域内，在经济、社会和空间发展上具有有机联系的城市群体。该概念具有以下几层含义：①城镇体系是以一个相对完整区域内的城镇群体为研究对象，不同区域有不同的城镇体系。②城镇体系的核心是具有一定经济社会影响力的中心城市。③城镇体系由一定数量的城镇组成，城镇之间存在性质、规模、功能等方面的差别。④城镇体系最本质的特点是相互联系，从而构成一个有机整体。

城镇体系规划是指在一定区域范围内，以生产力合理布局和城镇职能分工为依据，确定不同人口规模等级和职能分工的城镇的分布和发展规划（城市规划基本术语标准）。通过合理组织体系内各城镇之间、城镇与体系之间以及体系与其外部环境之间的各种经济、社会等方面的相互联系，运用现代系统理论与方法探究整个体系的整体效益。

城镇体系规划是政府综合协调辖区内城镇发展和空间资源配置的依据和手段，同时为政府进行区域性的规划协调提供科学的、行之有效的依据，包括确定区域城镇发展战略，合理布局区域基础设施和大型公共服务设施，明确需要严格保护和控制的区域，提出引导区域城镇发展的各项政策和措施。

(二) 城市规划

城市规划是指对一定时期内城市的经济和社会发展、土地利用、空间布局以及各项建设的综合部署、具体安排和实施措施。城市规划在指导城市有序发展、提高建设和管理水平等方面发挥着重要的先导和统筹作用。城市规划分为总体规划和详细规划。

城市总体规划是对一定时期内城市的性质、发展目标、发展规模、土地利用、空间布局以及各项建设的综合部署、具体安排和实施措施，是引导和调控城市建设、保护和管理城市空间资源的重要依据和手段。经法定程序批准的城市总体规划，是编制城市建设规划、详细规划、专项规划和实施城市规划行政管理的法定依据。各类涉及城乡发展和建设的行业发展规划，都应当符合城市总体规划的要求。近年来，随着社会主义市场经济体制的建立和逐步完善，为适应形势发展的要求，我国城市总体规划的编制组织、编制内容等都进行了必要的改革与完善。目前，城市总体规划已经成为指导与调控城市发展建设的重要公共政策之一。

城市详细规划是指以城市的总体规划为依据，对一定时期内城市的局部地区的土地利用、空间布局和建设用地所做的具体安排和设计。城市详细规划又具体分为城市控制性详细规划和城市修建性详细规划。城市控制性详细规划是指以城市的总体规划为依据，确定城市建设地区的土地使用性质和使用强度的控制指标、道路和工程管线控制性位置以及空间环境控制的规划要求。控制性详细规划是引导和控制城镇建设发展最直接的法定依据，是具体落实城市总体规划各项战略部署、原则要求和规划内容的关键环节。城市修建性详细规划是指以城市总体规划或控制性详细规划为依据，制定用以指导城市各项建筑和工程设施及其施工的规划设计。对于城市内当前要进行建设的地区，应当编制修建性详细规划。修建性详细规划是具体的、可操作的规划。

(三) 镇规划

镇是连接城乡的桥梁和纽带，是我国城乡居民点体系的重要组成部分。小城镇的快速发展，是实现农村工业化和农业现代化的重要载体与依托，小城镇已经成为农村富余劳动力就地转移的"蓄水池"，成为培育农村市场体系、实现农业产业化经营的基地。随着经济社会的进步，镇在促进城乡协调发展中的地位和作用越来越明显。镇规划分为总体规划和详细规划，镇详细规划分为控制性详细规划和修建性详细规划。

镇总体规划是指对一定时期内镇的性质、发展目标、发展规模、土地利用、空间布局以及各项建设的综合部署、具体安排和实施措施。镇总体规划是管制镇的空间资源开发、保护生态环境和历史文化遗产、创造良好生活环境的重要手段，在指导镇的科学建设、有序发展，构建和谐社会，服务"三农"，促进社会主义新农村建设方面发挥规划协调和社会服务作用。镇总体规划包括县（区）人民政府所在地的镇总体规划和其他镇的总体规划。

镇详细规划是指以镇总体规划为依据，对一定时期内镇的局部地区的土地利用、空间布局和建设用地所做的具体安排和设计。镇控制性详细规划是指以镇总体规划为依据，确定镇内建设地区的土地使用性质和使用强度的控制指标、道路和工程管线控制性位置以及空间环境控制的规划要求。镇修建性详细规划是指以镇总体规划和控制性详细规划为依据，制定用以指导镇内各项建筑及其工程设施和施工的规划设计。

（四）乡规划和村庄规划

乡规划和村庄规划分别是指对一定时期内乡、村庄的经济和社会发展、土地利用、空间布局以及各项建设的综合部署、具体安排和实施措施。乡规划和村庄规划，由于其规划范围较小、建设活动形式单一，要求其既编制总体规划，又编制详细规划的必要性不大，因此，这里没有对乡规划和村庄规划进行总体规划和详细规划的分类，而是规定由一个乡规划或村庄规划统一安排。

乡规划和村庄规划是做好农村地区各项建设工作的先导和基础，是各项建设管理工作的基本依据，对改变农村落后面貌、规范乡村无序建设，加强农村地区生产生活服务设施、公益事业等各项建设，推进社会主义新农村建设事业具有重要意义。

四、城乡规划的作用

（一）宏观经济调控的手段

在市场经济体制下，城市建设的开展在相当程度上需要依靠市场机制的运作，但纯粹的市场机制运作会出现市场失灵的现象，这已有大量的经济学研究予以论证。因此，就需要政府对市场的运行进行干预，这种干预的手段是多种多样的，既有财政方面的（如货币投放量、税收、财政采购等），也有行政方面的（如行政命令、政府投资等），而城市规划则通过对城市土地和空间使用配置的调控，来对城市建设和发展中的市场行为进行干预，从而保证城市的有序发展。

一方面，城市的建设和发展之所以需要干预，关键在于各项建设活动和土地使用活动具有极强的外部性。在各项建设中，私人开发往往将外部经济性利用到极致，而将自身产生的外部不经济性推给了社会，从而使周边地区承受不利的影响。通常情况下，外部不经济性是由经济活动本身所产生，并且对活动本身并不构成危害，甚至是其活动效率提高直接产生的。在没有外在干预的情况下，活动者为了自身的收益而不断提高活动的效率，从而产生更多外部不经济性，由此而产生的矛盾和利益关系是市场本身无法进行调控的。因此，就需要公共部门对各类开发进行管制，从而使新的开发建设避免对周边地区带来负面影响，从而保证整体效益。

另一方面，城市生活的开展需要大量公共物品，但由于公共物品通常需要大额投资，而回报率低或者能够产生回报的周期很长，经济效益很低甚至没有经济效益，因此，无法以利润来刺激市场的投资和供应。但城市生活又不可缺少公共物品，这就需要由政府进行提供，采用奖励、补贴等方式，或依法强制性地要求私人开发进行供应。公共物品的供应往往会改变周边地区的土地和空间使用关系，因此需要进行事先协调和确定。

此外，城市建设中还涉及短期利益和长期利益之争，如对自然、环境资源的过度利用所产生的对长期发展目标的危害，涉及市场运行决策中的"合成谬误"而导致的投资周期的变动等，这就需要对此进行必要的干预，从而保证城市发展的有序性。

城市规划之所以能够作为政府调控宏观经济条件的手段，其操作的可能性是建立在这样的基础之上：第一，通过对城市土地和空间使用的配置，即对城市土地资源的配置进行直接控制。由于土地和空间使用是各项社会经济活动开展的基础，因此，它直接规定了各项社会经济活动未来发展的可能与前景。城市规划通过法定规划的制定和对城市开发建设的管理，对土地和空间使用施行了直接的控制，从物质实体方面拥有了调控的可能。这种调控从表面上看是对土地和空间使用的直接调配，是对怎样使用土地和空间的安排，但在调控的过程中，涉及的实质是一种利益的关系，而且关系到各种使用功能未来发展的可能，也就是说，城市规划对土地使用的任何调整或内容的安排，涉及的不只是建筑物等物质层面的内容，更是一种权益的变动。因此，城市规划涉及的就是对社会利益进行调配或成为社会利益调配的工具。第二，城市规划对城市建设进行管理的实质是对开发权的控制，这种管理可以根据市场的发展演变及其需求，对不同类型的开发建设施行管理和控制。开发权的控制是城市规划发挥宏观调控作用的重要方面。例如，针对房地产的周期性波动，城市规划可以配合宏观调控的整体需要，在房地产处于高潮期时，通过增加土地供应为房地产开发的过热进行冷处理；当房地产开发处于低潮期时，则可以采取减少开发权的供应的方法，从而可以在一定程度上削减其波动的峰值，避免房地产市场的大起大落，维护市场的相对稳定，使城市的发展更加有序。

(二) 保障社会公共利益

城市是人口高度集聚的地区，当大量人口生活在一个相对狭小的地区时，就形成了一些共同的利益需求，如充足的公共设施（如学校公园、游憩场所、城市道路，以及供水、排水、污水处理等）、公共安全、公共卫生以及舒适的生活环境等，同时还涉及自然资源和生态环境的保护、历史文化的保护等。这些内容在经济学中通常都可以称为"公共物品"，由于公共物品具有非排他性和非竞争性的特征，即这些物品社会上的每一个人都能使用，而且都能从使用中获益，因此，对于这些物品的提供者，就不可能获得直接收益，这就与追求最大利益的市场原则不一致。在市场经济的运作中，市场不可能自觉提供公共物品，要求有政府的干预，这是市场经济体制中政府干预的基础之一。

城市规划通过对社会、经济、自然环境等进行分析，结合未来发展的安排，从社会需要的角度对各类公共设施进行安排，并通过土地使用的安排为公共利益的实现提供基础，通过开发控制保障公共利益不受损害。例如，根据人口的分布进行学校、公园、游憩场所以及基础设施的布局，满足居民的生活需要并且使用方便，创造适宜的居住环境，又能使设施的运营相对比较经济、节约公共投资等。同时，在城市规划实施的过程中，保证各项公共设施与周边地区的建设相协同，对于自然资源、生态环境和历史文化遗产以及自然灾害易发地区，则通过空间管制、调查监督等手段予以保护和控制，使这些资源能够得到有效保护，使公众免受地质灾害。

（三）协调社会利益，维护公平

社会利益涉及多方面，就城市规划的作用而言，主要是指由土地和空间使用所产生的社会利益之间的协调。因此，社会利益的协调也涉及许多方面。

其一，城市是一个多元的复合型社会，而且又是不同类型人群高度集聚的地区，各个群体为了自身的生存和发展，都希望谋求最适合自己、对自己最有利的发展空间。因此，也就必然会出现相互之间的竞争，这就需要有居间调停者来处理相关的竞争性事务。在市场经济体制下，政府就承担着这样的责任。城市规划以预先安排的方式、在具体的建设行为发生之前，对各种社会需求进行协调，从而保证各群体的利益得到体现，同时也保证社会公共利益的实现。作为社会协调的基本原则就是公平地对待各利益团体，并保证普通市民的生活和发展的需要。城市规划通过对不同类型的用地进行安排，满足各类群体发展的需要，针对各种群体在城市发展不同阶段中的不同需求，提供适应这些需求的各类设施，并保证这些设施的实现。与此同时，通过公共空间，为各群体之间的相互作用提供场所。

其二，通过开发控制的方式，协调特定的建设项目与周边建设和使用之间的利益关系。在城市这样人口高度密集的地区，任何土地使用和建设项目的开展都会对周边地区产生影响。这种影响既有可能来自土地使用的不相容性（如工业用地、居住用地等），也可能来自土地的开发强度（如容积率、建筑高度等），如果进行不适宜的开发，就有可能影响周边土地的合理使用及其相应的利益。在市场经济体制下，某一地块的价值不仅取决于该地块的使用本身，而且受到周边地块的使用性质、开发强度、使用方式等的影响；不仅受到现在的土地使用状况的影响，更重要的是，会受到其未来的使用状况的影响。这对于特定地块的使用具有决定性的意义。例如，周边地块的高强度开发（如高容积率）就有可能造成环境质量的下降、人口和交通的拥挤等，从而导致该用地贬值，使其受到利益上的损害。城市规划通过预先协调，提供未来发展的确定性，使任何开发建设行为都能预知周边的未来发展情况，同时，通过开发控制来保证新的建设不会对周边的土地使用造成利益损害，维护社会的公平。

(四) 改善人居环境

人居环境涉及许多方面，既包括城市与区域的关系、城乡关系、各类聚居区 (城市、镇、村庄) 与自然环境之间的关系，也涉及城市与城市之间的关系，还涉及各级聚居点内部各类要素之间的相互关系。城市规划要综合考虑社会、经济、环境发展的各个方面，从城市与区域方面入手，合理布局各项生产和生活设施，完善各项配套，使城市的各个发展要素在未来发展过程中相互协调，满足生产和生活各个方面的需要，提高城乡环境品质，为未来的建设活动提供统一的框架。同时，从社会公共利益的角度实行空间管制，保障公共安全、保护自然和历史文化资源，建构高质量的、有序的、可持续的发展框架和行动纲领。

第二节　城乡规划思想与基本理论

一、田园城市理论

(一) 思想内核——社会改革

霍华德自始至终倡导的都是一种全面社会改革的思想，他更愿意用"社会城市"而不是"田园城市"这个词语来表达他的思想。霍华德对"田园城市"在性质定位、社会构成、空间形态、管理模式等方面都进行了全面探索。他甚至认为，城市中所有的土地应归全体居民集体所有，使用土地必须交付租金。城市的收入全部来自租金，在土地上进行建设、集聚而获得的增值仍归集体所有。

(二) 空间模式——城乡磁体

霍华德提出了一个有关建设田园城市的论据，即著名的三种磁力的图解，由此他提出了"城乡磁体"（Town Country Magnet）的概念，"城市和乡村的联姻将会迸发出新的希望、新的生活、新的文明"，融生动活泼的城市生活优点和美丽、愉悦的乡村环境为一体的"田园城市"将是一种磁体，兼有城与乡的优点，这个城乡结合体即为田园城市。

1. 单个田园城市

单个田园城市人口规模为32000人，占地400公顷，外围有2000公顷农业生产用地作为永久性绿地。城市由一系列同心圆组成。6条各36米宽的大道从圆心放射出去，把城市分为6个相等的部分。城市用地的构成是以花园为中心，围绕花园四周布置大型公共图书馆、画廊和医院。其外围环绕一周是公园，公园外侧是向公园开放的玻璃拱廊——水晶宫，作为商业、展览用房。住宅区位于城市的中间地带，城市外环布置工厂、仓库、市场、煤场、木材厂等工业用地，城市外围为环绕城市的铁路支线和永久农业用地——农田、菜园、牧场和森林。

2. 田园城市的群体组合

田园城市思想认为任何城市达到一定规模时都应该停止增长，其过量的部分应由邻近的另一个城市来接纳，并由此构筑"联盟城市"形式的城市群体组合模式。联盟城市的地理分布以"行星体系"为特征（在建设好一个32000人口规模的田园城市后，继续建设同样规模的城市，用6个城市围绕这一个55000人口规模的中心城市，形成总人口规模约25万人的城市联盟）；各城市与中心城市之间以便捷的交通相连接，行政、文化方面密切连接，而在经济上相对独立，呈现出"多中心"的城镇集聚区。田园城市理论认为，可以通过控制单个城市的规模，把城市与乡村两种几乎是对立的要素统一成一个相互渗透的区域综合体。

3. 田园城市与卫星城的辨析

从田园城市构建的城市建设目标、城市规模、功能关系等角度来看，它和"卫星城"有着本质的区别。"卫星城"并不像"田园城市"那样谋求通过类似"细胞增殖"方式来控制城镇规模，营造多中心的城镇群体来取代特大城市的发展道路，而是主张以发展靠近中心城市，与"中心城市"体量相差悬殊，承担人口功能、疏散功能作用的"卫星城"来继续推进特大城市的发展，没有触及"田园城市"中关于社会改革方面的实质。

4. 田园城市的历史贡献

霍华德的"田园城市"学说设想了一种带有先驱性的城市模式，对其后出现的城市规划理论如有机疏散理论、卫星城市理论起到了思想启蒙的作用，对现代城市规划思想发展具有里程碑意义。

二、卫星城镇规划的理论和实践

(一) 单一人口疏解功能的"卧城"

卧城是卫星城的初级形式，始建于 20 世纪初的法国巴黎和英国伦敦，距母城 10 ~ 20 千米的郊区，是根据当时兴起的卫星城理论，为分散大城市人口而建设的。当时，巴黎制订了郊区的居住建筑规划，打算在离巴黎 16 千米的范围内建立 28 座居住城市，这些城市除居住建筑外，没有生活服务设施，居民的生产工作及文化生活上的需求尚需去巴黎解决，一般称这种城镇为"卧城"。卧城的特点是与母城间距离较近，一般为 20 ~ 30 千米，且位于通往母城的主要交通干线上，主要在大城市周围承担居住职能，容纳的人口一般为 2 万 ~ 6 万人。由于"卧城"规模小，职能有限，对母城依附性强，同时增加了与市中心的交通压力，故难以真正起到分散与控制大城市人口规模的作用。

(二) 拥有部分产业支撑的半独立"辅城"

针对"卧城"的缺陷，芬兰建筑师埃列尔·沙里宁于 1917 年提出建设半独立的"辅城"，解决一部分居民就业。1918 年，沙里宁与荣格受私人开发商的委托，在赫尔辛基新区明克尼米—哈格提出一个 17 万人口的扩展方案。由于该方案远远超出了当时财政经济和行政管理处理能力，缺乏经济的背景分析和考虑，只有一小部分得以实施，沙里宁主张在赫尔辛基附近建立一些半独立城镇，以控制其进一步扩张。这类卫星城镇不同于"卧城"，除了居住建筑外，还设有一定数量的工厂、企业和服务设施，使一部分居民就地工作，另一部分居民仍去母城工作。

在瑞典首都斯德哥尔摩附近建立的卫星城市魏林比是半独立的，对母城有较大的依赖性。魏林比距母城 15 千米，从斯德哥尔摩乘郊区电车或者城际铁路约需 25 分钟便可抵达。原规划总用地约为 290 公顷，随着建设的不断深入，目前已扩展到 300 公顷以上，周边相继新建了若干小型的居住区。新城最初规划居住人口为 2.5 万人，随着本地区的常住居民、外国移民和消费人群的逐年增加，目前实际居民已经超过 5 万人，周边小型居住区也已容纳近 3 万居民，聚居区人口构成趋向于多元化。继 20 世纪 40 年代，英国伦敦卫星城哈罗新城建成后，其成为欧洲 20 世纪 50 年代城市规划建设的重要样板之一。新城由建筑师马克留斯主持设计，其成功之处在于以轨道交通线加强与母城的功能联系，提供便宜而舒适的住宅建筑，通过不断吸纳各类各阶层的居民而积累起丰富的社区生活形态。2001 年进行的改造更新，增加了一系列可持续设计，如将商业空间产生的垃圾回收处理，通过能源的再利用，实现了社区的可持续循环。

（三）产城融合的独立"新城"

"辅城"解决了卫星城部分居民的生活和就业问题，但由于产业结构单一、规模偏小、就业吸纳能力不足，无法从根本上解决大城市过度膨胀带来的问题。20 世纪中期，出现了功能完整、独立性强、依靠自身的力量发展的第三代卫星城"新城"。新城坚持"产城融合"的发展路径，将产业发展和完善城市功能结合起来，不再过度依赖"母城"提供生活服务和解决就业问题，大大减少了"母城"与卫星城之间的通勤压力，逐渐成长为城市经济增长新的中心或者副中心，为城市发展拓展了新的空间。"新城"人口规模在25 万～40 万人。目前，新城已经发展到第四代，除接受主城扩散的功能外，同时也具有自己的行政、经济、社会中心，功能呈现多样性和独立性特征，增强了城镇的吸引力。

不论是"卧城"还是半独立的卫星城镇，对疏散大城市的人口并无显著效果，所以很多人又在进一步探讨大城市合理的发展方式。1928 年编制的大伦敦规划方案中，提出采用在外围建立卫星城镇的方式，并且提出大城市的人口疏散应该从大城市地区的工业及人口分布的规划着手。这样，建立卫星城镇的思想开始和地区的区域规划联系在一起。

三、现代城乡规划的其他理论

（一）索里亚·玛塔的线形城市理论

线形城市是由西班牙工程师索里亚·玛塔于 1882 年首先提出来的。当时是铁路交通大规模发展的时期，铁路线把遥远的城市连接起来，并使这些城市得到了飞速发展。在各个大城市内部及其周围，地铁线和有轨电车线的建设改善了城市地区的交通状况，加强了城市内部及与其腹地之间的联系，从整体上促进了城市的发展。按照索里亚·玛塔的想法，那种传统的从核心向外扩展的城市形态已经过时，它们只会导致城市拥挤和卫生恶化，在新的集约运输方式的影响下，城市将依赖交通运输线组成城市的网络，而线形城市就是沿交通运输线布置的长条形的建筑地带，只有一条宽500米的街区，要多长就有多长，这就是未来的城市。城市不再是一个一个分散的不同地区的点，而是由一条铁路和道路干道串联在一起的、连绵不断的城市带。位于这个城市中的居民既可以享受城市型的设施又不脱离自然，还可以使原有城市中的居民回到自然中去。

后来，索里亚·玛塔提出了线形城市的基本原则，他认为这些原则是符合当时欧洲正在讨论的"合理的城市规划"要求的。在这些原则中，第一条是最主要的："城市建设的一切问题，均以城市交通问题为前提。"最符合这条原则的城市结构就是使城市中的人从一个地点到其他任何地点在路程上耗费的时间最少。既然铁路是能够做到安全、高效和经济的最好的交通工具，城市的形状理所当然就应该是线形的。这一点也就是线形城市理论的出发点。在余下的其他原则中，索里亚·玛塔还提出城市平面应当呈规矩的几何形状，在具体布置时要保证结构对称，街坊呈矩形或梯形，建筑用地应当至多只占1/5，要留有发展的余地，要公正地分配土地等原则。

1894年，索里亚·玛塔创建了马德里城市化股份公司，开始建设第一个线形城市。这个线形城市位于马德里的市郊，由于经济和土地所有制的限制，这个线形城市只实现了一个约5千米长的建筑地段。

线形城市理论对20世纪的城市规划和城市建设产生了重要影响。20世纪30年代，苏联进行了比较系统的全面研究，当时提出了线形工业城市模式，并在斯大林格勒的规划实践中得到运用。在欧洲，哥本哈根的指状式发展（1948年规划）、巴黎的轴向延伸（1971年规划）等都可以说是线形城市模式的发展。

（二）戈涅的工业城市设想

工业城市的设想由法国建筑师戈涅于20世纪初提出，1904年在巴黎展出了这个方案的详细内容，1917年出版了名为《工业城市》的专著，阐述了他的工业城市的具体设想。该工业城市是一个假想城市的规划方案，位于山岭起伏地带河岸的斜坡上，人口规模为35000人。城市的选址是考虑"靠近原料产地或附近有提供能源的某种自然力量，或便于交通运输"。

在城市内部的布局中强调按功能划分为工业、居住、城市中心等，各项功能之间相互分离，以便于今后各自的扩展需要。同时，工业区靠近交通运输方便的位置，居住区布置在环境良好的位置，中心区应连接工业区和居住区。在工业区、居住区和市中心区之间有方便快捷的交通服务。

戈涅的工业城市的规划方案已经摆脱了传统城市规划，尤其是学院派城市规划方案追求气魄、大量运用对称和轴线放射的现象。在城市空间的组织中，他更注重各类设施本身的要求与外界的相互关系。在工业区的布置中将不同的工业企业组织成若干个群体，对环境影响大的工业，如炼钢厂、机械锻造厂等布置得远离居住区，而对职工数较多、对环境影响小的工业，如纺织厂等则接近居住区布置，并在工厂区中布置了大片绿地。在居住街坊的规划中，将一些生活服务设施与住宅建筑结合在一起，形成一定地域范围内相对自足的服务设施。居住建筑的布置从适当的日照和通风条件的要求出发，放弃了当时欧洲尤其是巴黎盛行的周边式的形式，而采用独立式并留出一半的用地作为公共绿地。在这些绿地中布置可以贯穿全城的步行小道。城市街道按照交通的性质分成几类，宽度各不相等，在主要街道下铺设可以把各区联系起来、并一直通到城外的有轨电车线。

戈涅在工业城市中提出的功能分区思想，孕育了《雅典宪章》所提出的功能分区的原则，这一原则对于解决当时城市中工业居住混杂而带来的种种弊病具有积极意义。同时，与霍华德的田园城市相比较，就可以看到，工业城市以重工业为基础，具有内在的扩张力量和自主发展的能力，因此更具有独立性；而田园城市在经济上仍然具有依赖性，以轻工业和农业为基础。在一定的社会制度的条件下，对于强调工业发展的国家和城市，工业城市的设想会产生重要影响。这也就是苏联城市规划界在中华人民共和国成立初期，对戈涅的工业城市理论重视的原因，并提出了不少有关工业城市的理论模型。

(三)卡米洛·西特的城市形态研究

19世纪末，城市空间的组织基本上延续着由文艺复兴后形成的、经巴黎美术学院经典化并由豪斯曼对巴黎改建所发扬光大和定型化了的长距离轴线、对称，追求纪念性和宏伟气派的特点。由于资本主义市场经济的发展，对土地经济利益的过分追逐，出现了死板僵硬的方格城市道路网、笔直漫长的街道、呆板乏味的建筑轮廓线和开敞空间的严重缺乏，引来了人们对城市空间组织的批评。因此，1889年西特出版的《城市建设艺术》一书，就被人形容为在欧洲的城市规划领域扔了一颗爆破弹，成为当时对城市空间形态组织的重要著作。

西特考察了希腊、罗马中世纪和文艺复兴时期许多优秀建筑群的实例，针对当时城市建设中出现的忽视城市空间艺术性的状况，提出必须以确定的艺术方式形成城市建设的艺术原则。必须研究过去时代的作品，并通过寻求古代作品中美的因素来弥补当今艺术传统方面的损失，这些有效的因素必须成为现代城市建设的基本原则，这就是他的这本书的任务和主要内容。西特通过对城市空间的各类构成要素，如广场、街道、建筑小品等之间的相互关系的探讨，揭示了这些设施位置的选择、布置以及与交通、建筑群体布置之间建立艺术的和宜人的相互关系的一些基本原则，强调人的尺度、环境的尺度与人的活动以及他们的感受之间的协调，从而建立起丰富多彩的城市空间和人的活动空间。西特以实例证明且确定了中世纪城市建设在城市空间组织上的人文与艺术成就方面的积极作用，认为中世纪的建设是自然而然、一点一点生长起来的，而不是在图板上设计完之后再到现实中去实施的，因此，城市空间更能符合人的视觉感受。到了现代，建筑师和规划师却只依靠直尺、丁字尺和罗盘，有的对建设现场的状况都不去调查分析就进行设计，这样的结果必然是导致僵死的规则性、无用的对称以及令人厌烦的千篇一律。

西特清楚地认识到，在社会发生结构性变革的条件下，很难指望用简单的艺术规则来解决面临的全部问题，而是要把社会经济的因素作为艺术考虑的给定条件，在这样的条件下来提高城市的空间艺术性。因此，即使是在格网状的、方块体系下，同样可以通过遵守艺术性原则来改进城市空间，使城市体现出更多美的精神。西特通过具体的实例设计对此予以说明。他提出，在现代城市对土地使用经济性追求的同时，也应强调城市空间的效果，应根据既经济又能满足艺术布局要求的原则寻求两个极端的调和，一个良好的城市规划不走向任一极端。要达到这样的目的，应当在主要广场和街道的设计中强调艺术布局，而在次要地区则可以强调土地最经济的使用，由此而使城市空间在总体上产生良好的效果。

第三节 城乡规划的重要性与基本原则

一、现代城乡规划的重要性

(一) 有利于区域城市均衡发展

改革开放以来，中国城市曾因过度重视经济效率，几乎所有的城市都不顾及自然资源的承载力、地理属性、经济差异等，实施扩张规划，导致全国诸多城市化问题突出。在造成自然承载力弱、环境敏感度高的中西部，城市过度发展，而经济基础较好、环境宜居地区的城市规模及人口承载力规划发展不足。通过新一轮城乡规划，有利于统一调整东西部城市规划战略，分别明确需要实施收缩和扩张的城市范围，实现国土利用效率最大化和东西部城市可持续发展与生态环境保护。

(二) 有利于快速实现农业人口城市化

在中国，长期以来，人们似乎存在一种误解，实现城市化的前提需要发达的经济和工业化基础。恰恰相反，快速实现农业地区人口的城市化是对经济、产业、思想创造等效率的最大化，是对人类资源与自然资源利用率的最大化，是实现农业现代化的前提条件，是国家实现国民现代文明与物质生活均质化的必由之路。因此，快速城市化是国家进步与可持续发展的必然趋势。

自然资源的日益匮乏对于集约化利用的需求、人口的老龄化趋势、大城市公共资源的吸引力、自然资源承载力不足、生态环境敏感度高、经济发展滞后等使广大中西部乡村与城市长期处于人口净流出的实质收缩，但规划现实是这些处于必然收缩的城市却与趋势背道而驰，错误地进行物理空间的大城市化。在经济发达、资源丰富、宜居地区的诸多城市却不恰当地采取保守、谨慎的人口发展政策，还没有为国家快速实现城市化接收农业地区和来自收缩城市的人口做好准备，甚至背离了中国城市化的本质。快速实现城市化，一方面可以提升农业地区产值，另一方面可以大幅度降低城市各领域的劳动力成本。增加的农业收入可以实现对城市发展的反哺。

(三) 有利于打破传统行政辖区的壁垒

实现区域城市经济、农业经济合作和资源集聚共享，实现资源与空间聚合发展，构建巨型聚合城市和农业大区，提升城市和农业地区创造效率和全球竞争力。传统城市规划没有重视不同城市之间、城乡之间构建合作协同发展关系，没有从全国范围内统一规划区域城市经济与农业经济。城市与城市、城市与乡村经济各自为政、故步自封，难以展开有效合作。基于各自的经济利益，相互之间展开同质化的博弈竞争，削弱了城市与农业经济增长效率和国际竞争力。

(四) 有利于自然资源的保护

通过新规划可限制自然承载力、环境敏感度高的中西部地区广大城市过度发展，划定城市发展和生态保护红线，规划建设国家自然公园，可以从宏观层面保护自然环境和自然资源，保障城市发展与环境保护实现平衡。

(五) 有利于农业地区土地集中利用和快速实现农业现代化

过去对于城市和农业地区的发展一直缺乏有效的城乡规划策略，城乡发展失衡、贫富差距较大，农村人口流失严重，使分散的农业用地闲置或低效利用问题严重，制约了农业地区的生产力和经济增长效率。粗放式、零散的农业经济发展，导致土地利用率低、管理成本高、不利于规模化农业经济发展，同时不利于对农药使用的管控，容易对自然资源和食品造成污染，使城乡人们的健康受到潜在威胁。

实施新一轮城乡规划，通过将农业地区人口快速转化为城市人口，实现农业地区土地集中利用，可迅速实现农业现代化，提升农业地区的土地利用价值和经济效益，实现城市与农业地区的共同繁荣。

(六) 有利于化解城市与乡村贫富分化严重、留守儿童、农业地区家庭体制瓦解等问题

由于过去城市发展没能有效转化来自农村的产业工人，城市发展与实现国家城市化的基本目标和价值背离，导致农村家庭离散、濒临瓦解，产生大量留守儿童、失养老人等负面的社会生态问题，成为社会未来发展不可忽视的重大隐患。

(七) 有利于城市实施数字城市与物理城市空间规划合一

数字经济、人工智能技术等快速发展使城市功能空间正在重新配置，需要新的城市发展理念给予引导，第三次工业技术革命的经济体制发生深度变革，世界格局的巨变对于处在城市化进程中的中国城市稳定发展构成挑战。中国城市需要提出新的空间发展及经济发展应对策略。

二、现代城乡规划的基本原则

法的基本原则所体现的法的根本价值和准则，是整个法律活动的指导思想和出发点。《中华人民共和国城乡规划法》中第一条和第四条明确了城乡规划的原则，包括可持续发展、城乡统筹、节约用地、集约发展和先规划后建设的原则等。但是这些原则既有城乡规划法的基本原则，也有城乡规划法的一般原则。城乡规划法的基本原则应该反映城乡规划法的价值与功能，而不仅仅是城乡规划工作所要遵守的或者某个环节需要遵守的法律原则。城乡规划法的基本原则要具有三方面的功能：①对城乡规划法的制定具有制度的协调功能；②对城乡规划法的实施具有指导功能；③对城乡规划法中的权利救济具有法律适用的援引功能。

要确定城乡规划法的基本原则，首先应确定城乡规划法的判断标准。城乡规划法基本原则的三个判断标准：①概括性。城乡规划法的基本原则从城乡规划法的规范中进行抽象、演绎，是城乡规划法基本价值、基本精神的高度概括和抽象，也是城乡规划法律观念和法律准则的交汇点。②根本性。城乡规划法的基本原则是城乡规划法规范的根本准绳，它贯穿于城乡规划

法规的制定和实施的全过程，对城乡规划法规体系具有纲领性的指导作用。③独特性。城乡规划法的特有原则体现了城乡规划的本质与特征。不同的法律调整不同的法律关系，城乡规划法调整的是空间关系，空间关系包含行政关系、社会关系、经济关系和环境关系。

由于城乡规划法所涉及的空间关系是以行政关系为基础的，兼有社会关系、经济关系、环境关系，因此，城乡规划法的基本原则可以结合城乡规划法，从行政法、社会法、经济法、环境法中进行总结与归纳。行政法的基本原则为合法性原则和合理性原则。社会法的基本原则为扶助弱势。漆多俊认为，经济法基本原则的基本内容是"维护和促进社会经济总体效率和社会经济公平"。经济法的基本原则是社会总体经济效益优先原则、经济公平原则。

（一）可持续发展原则

可持续发展的基本思想是既能满足当代人的需求，又不对后代人的需求造成危害。联合国环境与发展大会确认了可持续发展原则之后，就广泛地影响了各个国家的法律与政策制定。可持续发展原则不仅是人类为解决环境与发展问题而做出的庄严宣告，而且成为一项具有规范意义的法律原则。可持续发展涉及社会、经济、环境、人口和资源诸多方面的因素，包含了理念、目标、制度和行动，需要法律等环境的支持。可持续发展分为社会的可持续发展、经济的可持续发展和环境的可持续发展。可持续发展的核心是发展，社会的可持续发展是目的，经济的可持续发展是基础，而环境的可持续发展是条件。

社会可持续发展的本质是提高和改善人类的生活质量，创造保障人们自由、平等、公正的社会环境，以及创建享受教育、就业、医疗、卫生等社会权利的公平环境。社会的可持续发展在不同阶段可以设置不同的社会发展目标。但是，在一定时期内，既要促进社会的形式正义，也要促进社会的实质正义。经济发展是可持续发展的基础。经济的可持续发展包括调整产业结构、培育新兴产业，集聚发展、节约发展是经济可持续发展的一个体现。但是经济发展不以环境和社会的牺牲为代价，应当在节能减排、促进社会发展的基础上追求经济发展的效益。环境的可持续发展包含三方面的内容：①环境与发展的一体化。环境保护与经济发展有机结合，以生态的可持续性为前提，同时考虑环境保护目标与经济发展需求。②环境利益的公平享有。环境利益涉及代内公平和代际公平，在当代以及后代都应具有享受清洁环境的权利。③环境责任的公平承担。对环境的责任进行公平的分配，如采用"污染者负担的原则"。

可持续发展在法学上的意义在于将环境作为一项新的权利。1972年6月5～16日，联合国人类环境会议于斯德哥尔摩召开。来自113个国家的政府代表和民间人士就世界当代环境问题以及保护全球环境战略等问题进行了研讨，制定了《联合国人类环境会议宣言》。该宣言阐明了与会国和国际组织所取得的七点共同看法和二十六项原则，以鼓舞和指导世界各国人民保护和改善人类环境，呼吁各国政府和人民为维护和改善人类环境，造福全体人民，造福后代而共同努力。人们拥有财产、迁徙等自由权，更需要教育、医疗、劳动等社会权，可持续发展的提出则是强化了生存权、发展权和环境权。可持续发展原则的提出反映了人类文明个体权利观的转向，集体的权利观成为共识。集体的权利需要集体的共识和集体的行动。这从根本上改变了简单地限制政府权力的做法，转向权利对权力既有限制又有依存的"反思平衡"状态。可持续发展原则要求政府积极作为，采用预防的方式，维护公民个体和集体在发展中的基本权利。可持续发展还需要社会的广泛参与，并形成"政府—市场—社会"互动的治理格局。

城乡规划是现代社会对人类生存空间发展的控制与引导，是实现可持续发展的重要手段。《中华人民共和国城乡规划法》第一条提出了城乡规划的目的是："促进城乡经济社会全面协调可持续发展。"可持续发展原则成为城乡规划的一项基本原则，这是一项目标性原则。在城乡规划中，可持续发展原则的三方面的重要内容包括：①清晰的规划目标。城乡规划是一项目标导向型的社会行动。在城乡规划中要明确城乡空间中社会、经济和环境方面的可持续发展目标。这可以理性地引导与控制城市发展并避免出现机会主义的个体行为。②统筹的协调发展。发展涉及城乡、社会、经济、环境、能源、人口、资源等诸多方面之间的相互关系以及局部与整体的关系，这就需要统筹协调。在发展的基础上，实现社会正义与环境正义。③有效的资源使用。可持续发展是生态友好型和资源节约型的发展。城乡规划的工作对象是土地资源，由于土地资源的稀缺性，城乡规划关注的一个焦点是土地资源的合理与有效使用。

（二）城乡统筹原则

中国现阶段的城市化水平已经超过50%，农村人口的减少并没有缩短农村发展与城市发展的距离。城乡二元体制在市场化的进程中没有促进农村地区的发展，反而加大了农村与城市发展的差距。发展要素的单向流动导致城乡收入差距的扩大、公共产品的供给失衡。农业、农村、农民成为中国全面实现小康不得不面对的问题。城乡统筹就是统筹城乡社会经济发展，化解城乡二元体制所带来的弊端，促进城乡一体化发展，实现社会公平。"三农"问题不能在农村解决，只能在城市与乡村的发展互动中解决。

城乡发展的差距在于城乡在发展资源、发展机会方面的差距。既然在城市与乡村之间存在差距，政府就应当履行社会法所倡导的扶助职能。城乡统筹应当具有整体思维，平等对待城市与乡村的发展，为乡村的发展提供扶助。只有统筹考虑工业与农业、城市与农村以及城市化问题，才能从根本上解决"三农"问题。只有通过统筹发展资源、产业互补、市场互动、设施共享，并建立扶助乡村发展的政策，才能更好地解决农村地区的发展问题。这就需要政府建立促进交通与基础设施、公共服务设施、生态保护、乡村自然与文化遗产保护的财政转移机制。根据官卫华等的研究可知，城乡统筹主要包括四方面的内容：①统筹城乡人口与社会资源；②统筹城乡空间布局；③统筹城乡经济发展；④统筹城乡公共服务。

城乡规划可以在城乡统筹方面发挥积极作用。虽然《中华人民共和国城乡规划法》将城市的行政区域划分为城市地区与乡村地区，并采用不同的管制模式——城市规划与乡村规划，但是城乡统筹原则的提出则是将城市、乡村作为一个发展的整体。这说明《中华人民共和国城乡规划法》的价值取向是扶助弱势与社会公正。城乡统筹在城乡规划上的意义是统筹城乡用地布局、统筹公共服务设施布局、统筹城乡基础设施规划，并合理划定农村人口转移规模。城乡规划作为政府干预城乡发展的工具，应当实现在城乡空间发展上的社会公正。城乡统筹的核心是乡村地区的发展问题，而不仅是空间的布局问题。如果城乡统筹是城乡规划的基本原则，这意味着依靠静态的空间布局规划是不够的，只有行动规划才能从根本上履行城乡统筹的职责。城乡规划在协同财政转移机制的落实中提出行动规划，从而推动城乡平衡体系的建立以及发展成果共享格局的形成。

（三）合理布局原则

城乡规划中的合理布局是城市社会、经济、自然条件、工程技术以及建筑艺术在空间上的综合反映。合理布局是城乡规划中的一个基本概念，可以指功能的合理布局、用地的合理布局以及空间审美方面的合理布局。从城乡规划法学的角度来看，合理布局是城乡规划空间性的体现，它所反映的是城市各组成部分的空间关系。空间关系包含社会关系、经济关系和环境关系，合理布局要体现社会法原则、经济法原则、环境法原则等。这就是要将城市中的各组成要素按照社会法、经济法和环境法原则在空间不同的尺度上实现有机组合。可以认为合理布局也是可持续发展原则的空间反应。

社会法的核心是保护弱势，扶助弱者过上具有一定尊严的生活。社会法在化解社会矛盾和维护社会稳定方面发挥了积极的作用。城市化是人口向城市集中的过程，而这些人口在社会经济发展中的地位是不同的。在市场机制作用下，不可避免地出现了社会分层的现象。不同阶层的人群会在某一地集聚，形成空间极化，并导致空间贫困与社会隔离的现象。在西方国家的城市化进程中，出现了社会各阶层清晰的分异、集聚和隔离。这种不和谐的空间极化往往是社会矛盾的根源。因此，提供适当的住房和减缓空间极化是世界各国化解社会矛盾的重要政策。城乡规划可以通过合理布局，在解决空间贫困、社会隔离、基本生存条件的提供方面发挥积极的作用。合理布局包括保障性住房布局、公共服务设施均等布局等问题。

合理布局关系到经济法学问题，城市功能的地域经济分工就是空间经济问题。经济法的宗旨是立足于社会本位，实现社会利益整体利益的最大化。合理布局不仅涉及个体利益，而且还关系到公共利益。实现社会利益的最大化，在某种程度上要对个体利益进行限制。城乡规划中合理布局的目的是指城市各用地之间能够相互协调、联系方便以及运转高效，以实现社会利益的最大化。城乡规划要在布局上避免土地使用带来的外在影响，弥补市场机制在提供公共产品上的失效，以及为社会提供清晰的发展信息。在城乡规划中合理布局包括以下内容：①因地制宜，结合不同的城市发展条件合理布局，包括市域范围的经济分工等问题；②基础设施的合理布局与建设成本的节约；③实现土地资源的社会利益最大化。这就要求在城市布局中贯彻节约用地的原则，采用紧凑发展的城市形态。

合理布局还涉及城市与自然的关系。人类社会的生存与发展必须以生态的可持续性为基础，生态秩序构成了人类社会秩序的基础。城市蔓延的控制、自然资源的保护、工业布局、水源地的保护都是合理布局需要关注的。从环境法学的角度来看，合理布局要体现生态安全的原则，保证城市赖以发展的生态环境处于不受破坏或威胁的状态，实现人与生态的共生。合理布局还要体现风险预防的原则。风险预防原则：①环境对风险的防止。对科学上已知的环境风险要事前采取预防行为，以防止环境危害的产生。②环境风险防范。对科学上未知或者有争论的环境风险，要在事前有预防性措施，从而降低环境风险发生时的损害程度。

合理布局既有区域尺度，也有地块尺度，其内容包括城乡布局、功能分区、用地布局等方面。从上述分析可知，从城乡规划法学的角度来看，合理布局涉及五个重要问题：①基本公共服务的均等布局。在城市中以及城乡之间，实现基本的公共服务涉及空间上的均等布局。②空间极化的消解。对保障性住房，特别是针对低收入的廉租房要避免过度集中，以防空间极化的出现。③城市地域内的经济分工与建设用地的紧凑布局。空间中的经济分工既包括产业的合理布局，也包括城乡的合理分工。建设用地的紧凑布局可以节约城市发展的成本。④环境风险的防范。土地的使用均具有外在影响，合理布局要求防止出现超越国家标准的外在影响。⑤公共安全的防范。合理布局要防范地震、泥石流等自然灾害对城市的影响，以及危化品的布局对生命安全的影响。

(四) 集约发展原则

资源是人类赖以生存与发展的物质基础，是城市可持续发展的重要保障。由于中国人口众多、土地资源稀缺，《中华人民共和国土地管理法》(以下简称《土地管理法》) 第三条明确提出："十分珍惜、合理利用土地和切实保护耕地是我国的基本国策。"为此，实现中国的可持续发展必须基于集约发展。集约发展主要是指通过发展要素的优化组合，用较少的资源来获得较大的发展效能的发展方式。集约发展是可持续发展原则在资源利用方面的体现，是实现可持续发展战略的一个公共政策。集约发展意味着应当转变发展方式，以较小的资源消耗取得较大的社会、经济与环境效益。城市的可持续发展是以人为主体，以土地使用为基础，以集聚效益和规模效益为特征的社会经济与环境的协调发展。

基于集约发展的城市发展对实施国策、实现可持续发展具有重要意义。集约发展的核心是发展，采用的方式是集约型的。节约用地与高强度开发是集约的重要方式。但是节约用地与高强度开发并不是没有限度，必须保障人的卫生、健康以及有尊严的生活。节约用地与高强度开发不能损害发展的核心内容，必须是在实现社会、经济和环境效益下的节约用地与高强度开发。由于高强度开发存在外在影响，对社区的生活环境产生一定的负面影响。在以人为本的背景下，节约用地与高强度开发必须促进人的发展，必须促进营造宜人的生存环境。可持续发展的城市特征是有活力的经济结构、适度的人口规模、紧凑的城市形态、良好的基础设施和宜人的城市环境。为此，作为实现可持续发展重要方式的集约发展应当服务于城市可持续发展的目标。

集约发展对于城乡规划，就是通过规划的控制与引导，在营造宜人的城市环境的目标下形成紧凑的城市形态。宜人与紧凑的城市形态主要包含三方面的内容：①紧凑的布局。紧凑的布局可以形成高密度的人工环境和城市活动的集聚，可以提高土地的使用效率，减少对小汽车的依赖并支撑公共交通的发展。这是节约资源与能源的重要方式。②较高强度的开发。较高强度的开发是节约用地以及发挥土地使用效率的重要方式。高密度发展模式具有节约土地、减少交通能源消耗、鼓励人的社交生活、提高人对居住环境的认知感等优势。③混合开发。混合开发包括一个较小地区土地的混合开发以及土地竖向的复合利用。这在减少城市内部的交通联系以及增加社区的发展活力方面发挥着积极的作用。

第四节 城乡规划的管理模式

一、现代城乡规划管理模式概述

(一) 城乡规划法规体系

作为"母法"的《中华人民共和国城乡规划法》(以下简称《城乡规划法》)与城乡规划相关法律、行政法规、地方性法规、部门规章和地方规章等构成了我国城乡规划法规体系。其中,《城乡规划法》对各级各类城乡规划法规与规章的制定具有不容违背的规范性和约束力,行政法规的内容比法律更具体、详细,同样还是地方性法规和部门规章以及地方政府规章制定的基本依据。省、自治区、直辖市的人民代表大会及其常务委员会在不与上位法律产生矛盾的前提下,可根据本地区的实际情况,制定城乡规划地方性法规。国务院各部具有行政管理职能的机构,可以根据法律和国务院的行政法规、决定、命令,在本部门的权限范围内制定部门规章。省、自治区、直辖市和具有地方性法规和地方政府规章立法权的较大的市的人民政府,可以依据上述法规,制定城乡规划方面的政府规章。为满足城乡规划编制与管理的需求,国家、地方政府也会颁布城乡规划技术标准或技术规范,用以规范相关的编制内容和管理行为,保证城乡规划的科学性与合理性。

(二) 城乡规划行政机构体系

中国的城乡规划行政管理体系根据我国行政体制由不同层次的城乡规划行政管理部门组成。住房和城乡建设部是国家最高的城乡规划行政主管部门,省、自治区、直辖市的城乡规划主管部门是建设厅、建委、规划局,各市县的城乡规划行政主管部门是规划局或规划科、室。各级城乡规划行政主管部门的各项工作需要对同级政府负责。另外,上级城乡规划主管部门有对下级部门进行指导和监督的权力。全国省(自治区、直辖市)、市、县各级具有城乡规划决策权的政府设立城乡规划委员会,根据功能不同,可以分为咨询协调、法定审议和法定决策三种类型。

（三）城乡规划编制体系

我国城乡规划体系主要分为法定规划和非法定规划，法定规划主要包括城乡规划法中提及的城镇体系规划、城市规划、镇规划、乡规划、村庄规划、部分专项规划及规划实施评估等。非法定规划主要是概念规划、行动规划、可行性研究等，这些规划不一定要经过审批，有些属于研究性质。

通常情况下，具备相应资质条件的规划设计单位受城乡规划主管部门委托开始指定的城乡规划编制工作。设计单位需要对编制主体进行现场调查、研究、分析，得出问题、目标和解决对策，提出规划方案后，主要征询政府、专家意见以及部分公众意见。对有价值的意见进行整理总结，并开展补充调研、修改、深化、完善方案等工作，再次通过多种形式征询意见并修改完善编制内容，最后上报编制成果待批。编制过程中，在满足相关法律法规的要求下，鼓励编制部门结合实际情况进行相应的创新设计。

（四）城乡规划审批执行体系

我国城乡规划审批制度主要采用分级审批制：省域城镇体系规划报住房和城乡建设部审查、国务院认可后，由住房和城乡建设部行文批复；不同类型的城市的总体规划报省、自治区或国务院审批；县政府组织编制本地区乡镇的总体规划，报上级政府审批。其他镇的总体规划由镇人民政府组织编制，报上一级人民政府审批；分区规划、详细规划由市政府审批。

各级政府的城乡规划在经过同级人大或其常务委员会同意后，可向上级政府报审。市政府可根据城乡的发展需要，对城乡规划进行局部调整，报同级人大常委会和原批准机关备案。如涉及城市性质、规模、发展方向和总体布局重大变更的，需进行规划修编。修编经同级人大或其常务委员会审查同意后，报原批准机关审批。

《城乡规划法》规定，城乡规划管理实行规划许可制度，即城乡规划管理部门应建设单位或个人申请，主要通过颁发《建设项目选址意见书》，"建设用地规划许可证""建设工程规划许可证"，依法赋予其在规划区范围内使用土地、进行建设活动的法律权利的行政行为。现在在城乡统筹的背景下，"乡村建设规划许可证"也可以在县级以上行政主管部门申请。在城乡规划实施中，一般遵循的原则：城乡规划经批准后，市政府应当公布；城乡规划确定有一些建设项目，应当按照国家基本建设程序的规定纳入国民经济和社会发展计划，按计划分步实施；规划区内的土地利用和各项建设必须符合城乡规划并服从规划管理。

(五) 城乡规划监督检查

《城乡规划法》中明确规定，我国城乡规划实施监督检查管理，实行行政检查和行政处罚制度。行政检查有两种，分别是申请检查和依职能检查。建设单位或个人应当在工程竣工验收后 6 个月内，向城乡规划管理部门报送相关资料。城乡规划管理部门不仅要参加重要建设工程的竣工验收，还要监督检查建设工程是否按照所报的规划内容进行。在行政处罚上则明确规定了处罚的七种类型及相应的处罚措施，形成了立案、调查取证、做出处罚决定、送达、执行或申请人民法院强制执行等一系列处罚程序。当事人对行政处罚决定不服的，可以向上一级机关申请复议，也可以在规定时间内 (15 日) 向法院起诉，当事人逾期不申请复议也不向法院起诉且不履行处罚决定的，由做出处罚决定的机关申请法院强制执行。

二、城乡规划管理模式的优化

(一) 制定因地制宜的城乡规划管理办法

《城乡规划法》及国家其他的有关法律、法规是目前全国城乡规划管理普遍适用的基本依据，各地都应严格遵守。我国地域广阔，每个区域自然条件、经济水平和管理体制各不相同，机械照搬法律条款难以解决各种现实问题，将造成规划管理的被动。每个中小城市都应该在学习其他地区优秀城乡规划管理经验的基础上结合本地实际情况，制定属于自身的城乡规划管理办法。在制定时要重视城乡规划法律规范特有的属性，意识到本区域内当前各利益主体形成的利益格局，并适时判断、协调、平衡和选择各方利益，提高法规的有效性和可操作性。同时加强城乡规划调控的宏观、中观和微观层面实施的研究。

(二) 形成有效的中小城市城乡规划管理机制

1. 城乡规划委员会和规划救济委员会构思设计

中小城市城乡规划委员会设置不规范，随意性较大，并随着社会经济的发展及政治文明的进步，涉及城乡规划的异议、纠纷等问题日益突出。我国大城市 (如上海、深圳等)，对于城乡规划委员会的人员、流程等都有明确的规定，并下设相应的专业委员会。中小城市由于在人口数量、人口素质、办事方式等方面存在差异，完全套用大城市的模式显然是不合适的，在人员设置、审批事宜、是否设置专业委员会上都应另做考虑。

2. 四级网络化服务的城乡规划统筹管理机构构筑

在城乡建设与发展过程中，城乡规划管理部门担负着重要任务，即使是县人民政府的城乡规划主管部门，不仅要负责本县城乡规划的编制和实施，还要负责辖区建制镇的城乡规划工作。如此大的工作量，许多中小城市城乡规划管理机构仅设一个科或股是不够的。可以逐渐增强城乡规划管理的龙头与法定地位。对存在特殊原因的小城市，可在现有建委、国土部门、城建局下设规划科、室的基础上，提高级别，增加人员，设置城乡规划局，由建委管理。对于发展较快、规模扩大等城市，需由城乡规划局独立行使城乡规划管理工作，使其充分发挥综合职能作用，有效协调各部门关系以及依法行政。

市规划局拥有本市的城乡规划行政权，主要包括规划审批权、规划许可权以及规划监督权。其对下属机构实行业务领导，在初期还应对日常的人、财、物进行管理，保留人员调配权，进行统一规划审批、统一管理、统一业务领导。在设有开发区或有管辖县的中小城市，应相应设有规划分局。对于目前中小城市普遍存在的规划法规不完整、规划编制体系不完善 (包括完善的编制审批程序和成果评价标准体系)、规划监督机制不健全、规划管理人员素质不高等问题，还不适合像部分大城市一样，将规划权限全部下放。各个中小城市应该根据自身的发展情况，将城乡规划管理决策权"上收"，而将规划管理实施重心循序渐进地"下移"。这样，在中小城市普遍缺少本地区法律法规编制以及城乡规划研究性工作的状况下，能够将部分人力、物力侧重于制定相应管理法规制度，组织全局性的城乡规划研究工作，对重要的基础设施和公共服务设施项目实施管理。各区规划管理部门负责按照已经通过审批的城乡规划，具体实施规划管理，并向市局汇报基层城乡规划发展以及公众意见等。

目前，由于市规划局执法大队力量有限，街道、镇（乡）又没有执法权，使违规、违法行为不能进行及时处理，镇（乡）规划的实施难以保证。建议在街道、镇（乡）设立规划管理机构，配备专职人员，纳入市城乡规划主管部门垂直管理，负责监督检查行政范围内的建设活动，及时发现、制止、汇报各种违法占地与规划建设行为。借鉴重庆实验区的模式，在中心村建立规划服务点，委托村委会派专人进行相关规划服务并辅助规划管理，进行城乡规划法律、法规等知识的宣传和讲解。有了基层机构的服务，有利于推进城乡统筹工作，协调城乡建设发展，方便公民咨询、了解城乡规划方案、反馈意见以及办理相关手续，从而有利于真正落实规划的龙头地位，体现城乡规划的服务取向。

通过四级网络化服务的构筑，既保证了规划管理执行力度，也加强了横向联系，增强了信息网络触角，充分调动了区、街道、乡镇、村的积极性，避免了以往规划局统揽一切事务的局面，使城乡规划实施管理既按时、按质执行，又较好地达到了服务于基层规划建设的目的。

(三) 规委会引导的城乡规划实施协调机制的探索

针对同一个城乡空间，多部门不同的规划引导和控制要求，可能带来的问题和冲突，在我国大城市主要以体制改革和规划整合两个途径进行了探索和实践。在体制改革的队伍中，主要代表城市是上海、深圳、武汉、沈阳等。通过对各城市行政机构与职能的调整，大多是城乡规划与国土资源部门的整合，实现共同协作发展。上海在机构整合的基础上，着手进行总体规划与土地利用规划中规划实施管理内容的联系与衔接，并积极探索了实施协调的新机制、新方法。广州、重庆、浙江等地则是利用总体规划、土地利用规划、国民经济和社会发展规划、环境保护规划等的整合，提高规划的引导能力。

中小城市相较于大城市，大刀阔斧地进行行政机构合并和职能调整，目前也不太现实。现阶段可操作性较强的折中做法应该是在现有体制下，探索多规划、多部门有机衔接的工作机制及管理组织。目前，各中小城市总体规划、土地利用规划、国民经济和社会发展规划等都以不同的法规为依据，不同的部门实施，不同的编制标准、体系与内容，想要实现全行政区域内的协调管理，首先应明确的是进行统筹协调和管理的主体。在不进行行政机构及职能重大调整的前提下，可行的办法是将该项职能划归于一个宏观调控部门。中小城市可以赋予城乡规划委员会（以下简称"规委会"）这项职能与权力。中小城市在完善规委会制度、形成较健全的规委会体系的基础上，可利用规委会来组织协调多部门之间的联系。规委会可以组织各部门共同参与重大问题的决策、审核与评估，加强各部门之间信息、资料、意见等的及时沟通与合作，讨论并尽力解决产生的矛盾。由规委会下达编制任务给相关规划编制研究机构，研究多规划在编制程序、内容、重点与手段上的协作与协调，并力求实现在近期能达到规划实质内容相衔接、远期达到法规制度环境相协调的目标。

（四）建立科学的城乡规划管理信息系统

如今，城镇化水平的提高对中小城市城乡规划与管理工作提出了更高、更新和更复杂的要求，因此，建立科学的中小城市城乡规划管理信息系统是有必要的，并需要利用新的技术、方法手段使其进一步发展与完善。城乡规划管理信息系统以城乡规划数据库为核心，将计算机技术、通信技术、地理信息系统技术、遥感技术、城乡规划及管理事务的图文一体化技术集成系统，其目标是实现城乡规划信息的采集、传输、加工、维护、使用、动态更新、统计分析及辅助决策等功能。可以通过信息平台提供的作业程序，实现中小城市城乡规划与管理工作的规范化。

由于每个中小城市城乡规划管理水平、建设目标、需求量大小、经济技术水平、人员素质等差异，完全应用一套一样的硬件条件、相同的软件平台、同样的信息技术是较难推进的。这里主要探索中小城市城乡规划管理信息系统总体功能设计，通过对中小城市城乡规划管理系统需求进行调查与分析，应用系统思想和方法把复杂的城乡规划管理对象分解细化成简单的组成要素，找出组成要素各自的本质特征，并分析出相互之间的关系。通过规划管理系统总体功能设计，为每个中小城市城乡规划管理系统的设计与实现提供一个依据。

1. 城乡规划管理信息系统总体结构

城乡规划管理信息系统的一个重要任务是将各部门、各专业的信息按照一定的标准和规范置于统一管理之下，使得城乡规划建设与管理工作有一个标准化和规范化的数据基础。城乡规划管理部门是一个综合性的龙头部门，不仅本部门需要使用和共享大量信息，还要给政府及其他如国土、环保、交通、消防、水利、电力等部门提供数据，实现更广泛的系统兼容和数据共享。在数据库系统的建立过程中，应该遵循的原则：严格制订数据源标准和数据采集的工作流程与技术规范；严格按照信息系统数据分类体系、编码体系来建立数据库，从而保证数据库标准化和规范化。

2. 城乡规划管理信息系统组成要素结构

中小城市城乡规划管理信息系统是一个集计算机软件、硬件、计算机网络工程、多媒体技术于一体的综合性高技术系统。它集中了计算机领域各种技术的精华。在计算机硬件方面，各种各样的新的计算机平台不断涌现，使得各个城市的信息系统可以有多种选择。在计算机软件方面，开发的各种优秀的操作系统软件、GIS 软件以及其他专业软件不断推向市场。在应用系统的开发方面，各类新的开发方法和技术也不断被提出。中小城市在规划管理信息系统建立过程中应根据自己的条件采用相适宜的软件平台、开发方法和技术。信息系统的另一个重要技术是计算机网络，通过计算机联网来实现数据共享。近年来，计算机网络技术发展很快，各种先进的网络硬件、网络软件和联网模式也不断出现，这为信息系统的网络化提供了良好的网络支持环境。多媒体技术的发展和应用也为提高信息系统的应用水平和实用性提供了有效手段。

在城乡规划管理信息系统建设过程中，按照用户需求的轻重缓急，分步实施，用户急需的系统先建立，不急需的系统后建立。应该首先开发建立基础数据管理系统，逐步完善规划管理办公自动化系统规划、建设与规划分析模型和多媒体系统。

3. 城乡规划管理信息系统功能结构

中小城市城乡规划管理信息系统主要包括以下几项功能：①城乡规划工作有大量的数据、图形和文档，需要建立一个较丰富的城乡规划资料库，并开发一些如信息查询检索、统计等城乡规划资料的处理分析功能。②政府部门在做出规划决策时，常常需要进行项目选址、道路交通分析、开发评估、环境评价等，所以需要开发一些辅助分析模型，如地形分析模型、土方工程计算模型、道路网络分析模型、资源分配模型等。③在日常工作中需要城乡规划辅助设计功能，如规划图的输入、编辑、方案修改、统计分析和制图输出等。④不同数据格式的规划成果与本信息系统的转换、用地平衡表的自动产生、各类用地指标的统计、道路坐标等数据的自动提取，生成各类用地的百分比图、直方图和曲线图等的城乡规划成果检验功能。因此，这里将中小城市系统功能结构主要分为五大部分：基础信息管理、辅助决策支持、办公业务管理、公共信息服务和系统管理维护。

（五）开展有效的城乡规划管理工作评价

目前，城乡规划管理工作评价基本未在中小城市中广泛应用，但城乡规划管理工作评价在城乡规划运作过程中，担负着对城乡规划决策、规划管理过程以及建设项目实施效果等信息反馈功能。城乡规划决策可以依据规划管理工作评价结果，进行法律法规的制定与完善、法定规划的调整与修编；通过城乡规划管理工作评价，可监督城乡规划实施过程是否按照法定规划内容开展，实施效果是否能促进经济社会以及资源环境的可持续发展；利用城乡规划管理工作评价，能明确城乡规划引导与调控作用的发挥效果，以及社会公众利益是否得到保障。城乡规划管理工作评价，是规划管理工作有序推进的"强心剂"，通过规划管理工作评价的顺利开展，可以使城乡规划目标得到有效实现。

第五章　城乡规划设计与管理

第一节　城乡空间规划设计

一、城乡区域规划

(一) 我国城乡区域发展分析

1. 积极推动中心城镇发展

(1) 加速城镇化进程的关键在于大城市的培育和中心城区的强化，尤其是其在市域中心城市中的引领作用。

(2) 需加快中等城市的发展，提升其吸引力和辐射力，以促使部分经济发展迅速、区域基础扎实的县级地区升级为县级市。

(3) 小规模县城和重点镇的小城镇建设也应得到积极推动，全面提升各级中心城镇的带动能力。

(4) 对于市域中部发展基础较好的地区，应根据实际情况优先推动其发展，如长江三角洲地区。

2. 优化城镇体系空间结构

(1) 市域城镇的发展应通过合理的策略引导，尤其是加强市域中部城镇密集地区的发展，优化城镇体系的空间结构。

(2) 加强市域内城镇间的经济联系与分工协作，是促进市域城镇间协调发展的关键。

3. 按照可持续发展原则

(1) 坚持循环经济模式和生态优先原则，结合建设资源节约型、环境友好型社会，构建科学合理的区域生态环境体系。

(2) 划定生态功能分区，加强环境污染防治，促进资源的保护与合理利用，全面提升区域生态环境质量。

（3）实践新型工业化道路，坚守节约发展、清洁发展、安全发展的方针，实现可持续发展。

4. 加快发展现有小城市，提高聚集效应

根据城市经济增长模型，规模在30万～100万人的城市呈现出规模净收益递增的特点。因此，应大力扩张小城市规模，使其向中等城市发展，以获得更大的城市规模净收益。这些城市作为大中城市的触角和延伸，需要加快基础设施建设，完善城市功能，以提高聚集效应。城市功能的叠加性发展规律表明，城市将经历从单一功能向多种功能叠加的过程。完善的基础设施是城市功能发挥的必要前提，同时也是农村工业和人口向城市聚集的根本保障。因此，加快小城市基础设施建设，完善城市功能，提高人口和经济活动的聚集度，促进第三产业发展至关重要。

5. 促进区域协调和城乡统筹

（1）推动城镇化健康发展需要从市域全局出发，落实区域发展的总体战略，形成优势互补、良性互动的区域协调发展机制。

（2）以城乡统筹发展为手段，充分实施工业反哺农业和城市支持农村的相关政策。

（3）推进社会主义新农村建设，促进城镇化的健康发展。

6. 城市化发展面临的挑战

（1）经济发展形势不明朗。

（2）差异化竞争的挑战。

（3）资源整合的挑战。

（4）可持续发展的挑战。

(二) 我国城乡区域规划建设分析

1. 建设国际化大城市，发展城市群

随着城市产业结构的优化和升级，传统产业活动正在向小城市及其郊区转移，因此就业岗位也开始发生相应的转移。这一过程为城市郊区和小城镇地区的交通条件与经济发展带来了积极影响。因此，我们可以看到城市人口和经济活动现在已不再集中于城市中心，而是开始向外围和边缘地区扩散，由大城市向中小城市迁移和扩散，形成了一个包括大中小城市和城市群在内的协调发展格局。城市经济活力的关键在于开放性和聚集性，这两者是紧密相连的。通过积极推动国际化大城市建设，我们不仅能够显著加快中心城市的发展速度，进而进一步提高我国城市经济在全球经济格局中的影响力和国际竞争力，同时也能够发挥这些国际化大都市强大的辐射作用，从而有效地推动我国区域内城市群的发展。

在经济全球化的背景下，一个城市成为国际化大城市的标志在于其强劲的国际竞争力，即对全球经济资源具有显著的控制和支配能力。国际化大城市形成的条件包括城市具备一定规模、良好的基础设施、高度发达的第三产业、高素质的劳动力队伍以及创新能力。

2. 大力发展中等城市，发挥聚集效应

根据城市经济增长模型，规模在 100 万～500 万人的中等城市具有显著的城市规模净收益。这些城市应充分利用其规模优势，以及城市规模聚集带来的经济增长效应，从而带动区域经济的发展。对于这些城市，关键在于抓住城市发展的有利时机，完善城市功能，优化产业布局，提升城市整体竞争力。此外，城市规模的聚集效应将促使人口和其他生产要素向这些较大的城市集中，加强城乡联系，加速农业人口向非农化的转变。

3. 统筹规划，提高小城镇聚集水平

对于规模在 30 万人以下的小城镇，其城市规模净收益通常为负。因此，控制小城镇数量的发展显得尤为重要。中国拥有 300 多个此类城市，加之数量众多的小城镇，这些城市和镇区由于规模较小、城市功能不完善，其企业和产业聚集能力较弱，从而影响了城市发展质量和农村城市化的进程。解决这一问题的策略包括：一是发展与本地经济特色相符合的产业；二是发挥小城市在城乡之间的纽带作用，为大城市提供服务功能，同时促进农业结构调整和农村社会转型；三是挖掘小城市的独特个性和特色，树立城镇品牌形象，吸引人才和资本。

城乡统筹发展原则强调以资源环境为前提，注重发展的差异性和协调性，同时提升城乡基础设施和服务水平。具体措施包括：一是在资源与环境的控制和保护方面，合理引导城乡空间与产业发展；二是重点发展中心城镇，实现以城带乡的联动发展；三是合理确定城镇职能，引导产业向更适合的方向发展；四是完善城乡道路交通系统，促进城乡间的有效连接；五是整合城乡基础设施供给，确保城乡居民能够平等享受基本公共服务。

这些策略和措施，可以有效促进城乡协调发展，实现区域经济和社会的全面进步。这不仅有助于缩小城乡差距，还能提升整个社会的生活质量和发展水平。

4. 产业发展规划

产业发展规划是经济发展的重要组成部分，其核心在于加快调整产业结构、提升自主创新能力，以及转变经济发展方式。重视科技创新和高新技术产业化工作对于经济的可持续发展至关重要。结合区域实际情况，产业发展规划应聚焦于产业基地和重点领域，依托龙头企业和重点项目，大力发展高新技术产业，以信息服务业、专业服务业和总部经济为主导，逐步形成产业发展新格局。

(1) 数字媒体产业发展

中国是一个数字媒体生产和消费的大国。随着数字化文化创作和生产方式的变革，以及新技术和新载体的广泛应用，数字媒体产业正迅速发展壮大。数字媒体产业的基础逐步夯实，产业集群的趋势已经初步显现。

(2) 市场前景

从电子商务发展增速看，十年来中国电子商务始终保持40%～50%的高速发展。即便在全球金融危机期间，中国的电子商务行业不仅未受影响，反而展现出了更强的生命力和适应能力。这表明中国的电子商务市场具有巨大的潜力和广阔的前景。电子商务不仅改变了传统的商业模式，还为企业提供了新的市场机会。

(3) 供应链

在全球经济一体化和信息技术高速发展的背景下，客户的个性化需求不断增长，企业间的竞争日益激烈。经济、社会环境的巨大变化使得市场需求的不确定性大大增加。在这样一个快速变化且不可预测的买方市场中，单个企业的资源已不足以快速响应用户需求。因此，企业间形成战略联盟，建立从供应商到制造商再到分销商的供应链，通过优势互补，获取集体竞争优势，实现共赢。

(4) 软件产业市场

软件产业市场在全球化的经济背景下呈现出前所未有的发展机遇。随着中国加入世界贸易组织（WTO），中国软件业迎来了更广泛的国际市场机会，这一国际事件为业界走向国际化奠定了重要基础。中国软件行业积极拓展国内外市场，通过加快技术创新和结构调整，实现了行业经济的平稳且快速增长。产业规模的持续扩大、产业结构与布局的不断优化，以及企业实力的逐步增强，共同推动了软件产业的健康发展。许多国内软件企业积极进入国际市场，参与国际竞争，并取得了显著成果。在人员、技术、设备、资金等方面，我国软件产业已具备了良好的发展基础，展现出广阔的发展前景。

(5) 数字移动通信产品

数字移动通信产品市场拥有巨大的潜力。在中国，移动通信网络是全球用户数量增长最快的。随着移动通信技术的不断发展，其正在向宽带化、多媒体化的方向发展。在信息增值服务方面，市场前景同样广阔。未来几年，随着我国网络技术的大规模发展，网络运营服务市场将展现出巨大的潜力。这不仅是技术进步的体现，也为城乡地区的信息化发展提供了重要的支撑，有助于缩小城乡之间的数字鸿沟，推动整体社会经济的均衡发展。

二、城乡一体化空间规划

(一) 各生态空间布局要满足生态位原理

生态位指的是一个生物种群在生态系统中所占据的位置，以及它们与其他相关物种之间的功能关系与作用。例如，我们可以根据生态位理论来规划农业发展，实现整体协调、知识密集、高效无害、良性循环的生态农业。城乡等人类居住地所提供的生态位，是指为人类活动提供的各种可利用的生态因子和生态关系的集合。在山林或森林中，不同树种（或树组）的空间位置、分布方式、范围以及数量，都体现了它们的生态位表现。随着时间的推移，这些树种可能会呈现出增长或减少的趋势，从而对整个生态系统产生影响。因此，对这些因素的研究和分析具有重要的生态学和生物学意义。

(二)"保护"与"开发"平衡原则

在城乡复合生态空间下的生态区划中，并非单纯追求"生态保护"，而是在确定区域基本生态框架、划定"生态保护底线"的基础上，综合考量资源环境的承载能力、现有开发密度以及开发潜力的关系,合理界定各区域单元的主体功能,以实现"开发"与"保护"的平衡目标。

(三)社会公平原则

社会公平原则包含代际公平和代内公平两个方面。代际公平体现了可持续发展理念,城市发展应当"既满足当代人的需求,又不损害子孙后代满足需求的能力"。代内公平则意味着城乡发展需要考虑到城乡居民的利益,平衡现代发展与传统保护之间的关系,同时兼顾物质发展与精神文明的发展等方面的平衡。

三、城乡一体化空间发展规划要领

(一)条块结合,多规协同

以县(市)为单位,结合国家及省(自治区、直辖市)的主体功能区划和生态功能区划,对城乡规划进行细致深化,形成一种多元且综合的生态空间布局。这种布局涵盖了生产、生活、生态三大空间和基础设施网络,确保城乡发展的均衡和可持续性。

(二)整合资源,构建安全格局

在深入调研和综合评估的基础上,科学构建城乡发展的三大格局:①城镇化格局,涉及中心城市及各级建制镇的等级结构、功能定位和空间布局,重点在于优化城市中心区、次中心区、工业区、居住区以及城乡接合部的生态休闲区域;②农业发展格局,聚焦于农村居民点的合理分布、传统农业耕作区、现代生态农业园区、休闲观光农业区以及农田水利设施的完善;③生态安全格局,涵盖森林、自然保护区、湿地、水系、饮用水源保护区、风景名胜区、一般生态林区及生态修复区的规划,旨在保护和修复自然生态,维护生态安全。

(三)技术引领,定性定量结合

地理信息系统(GIS)技术,作为一个用于存储、分析、处理和表达地理空间及其相关属性数据的计算机软件平台，能够对来自多种来源的时空数据进行快速且准确的综合处理和分析，已在城市规划领域得到广泛应用。这种应用包括但不限于城市用地评价、不同规划方案的比较与评估、规划方案的实效性分析，以及相关公共设施和基础设施的专项规划。通过将 GIS 技术与其他技术手段结合，能够弥补城乡规划中仅依赖定性分析的不足，实现定性与定量分析的有效结合，从而提升规划的科学性。

（四）空间管制，明确区划

空间管制，作为一种实质性的调控手段，对城乡空间的管控具有显著效力。城乡空间一体化规划的本质是对地域空间进行规划，其主要调控手段是有效地配置空间资源。在空间管制的过程中，首先要对各类空间要素进行深入分析，并进行科学分类；其次对不同市（县）域的空间进行区划，并制定相应的保护和开发原则，以实现空间管制的目标。空间管制具体涉及整个城乡空间的主体功能区划、生态功能区划、空间管制区划以及土地利用规划。

（五）综合协调，明确时序

城乡一体化空间发展规划需建立生态建设的综合协调机制，以统筹协调生态建设规划与各行业之间的关系，并制定相应的管理制度。此外，结合区域经济和社会发展的实际情况及区域发展背景，应合理规划城乡复合生态空间的发展时序，依次安排近期、中期、远期及远景发展的区位、规模和目标，以确保县（市）域复合生态空间的协调发展。

具体而言，近期发展的重点是合理确定四类基本空间单元的重点发展区域。城镇生态空间的发展重点包括确定县（市）域城镇体系、规划城镇空间规模与用地发展方向、布局必要设施、预测住房建设和绿地生态系统建设。农业生态空间的发展重点涉及合理布局村庄、完善农村道路和小水利基础设施建设、公共服务设施的建设以及农业产业园区或特色农业园区的建设。设施生态空间的发展重点是界定、整合与预留各类设施生态空间。自然生态空间的发展重点是贯通和整合自然生态空间的各子空间，构建县（市）域甚至区域的生态安全格局，并加强重点地段的生态修复。

四、城乡一体化空间规划策略

(一) 城乡复合生态空间识别与重构

依托 RS 景观动态分析技术、GIS 空间分析技术和 GPS 便携式空间数据采集系统，我们建立了生态足迹、生态敏感性、生态服务功能重要性等分析模型。同时，综合考虑空间生态位、区位、经济活动、人口、景观结构和社会文化结构六个方面的差异，以及人类活动干预程度的不同，运用 AHP 层次分析法、叠加分析法、模糊综合评价法、BP 神经网络等多种方法对城乡整体空间进行识别。这些分析为该区城乡生态空间的保护与利用，以及空间结构的优化重构提供了科学依据。

城乡空间作为一种复合生态空间，可分为城镇生态空间、农业生态空间、设施生态空间和自然生态空间四种基本空间单元。其中，城镇生态空间主要提供工业品和服务产品，是规划与建设的核心区域，特点是人类活动高度集中。农业生态空间的核心在于生产农产品，与城镇生态空间相比，人口较少、居住更分散、开发强度较低，主要聚焦农业及相关第三产业。设施生态空间指为县 (市) 域及更高级别区域 (如地级市、省级乃至国家) 提供服务的重大基础设施和公共服务设施，同时包括具有一定宽度的带状缓冲生态空间。自然生态空间以提供生态产品与服务为主，相较于其他生态空间，人口更稀少，开发强度与经济规模均较小，居民点点状分布，村庄数量极少。

(二) 城乡一体化生态空间布局

城乡复合生态空间的布局是将自然生态空间作为生态的主体，农业生态空间作为生态的从属，设施生态空间作为生态的脉络，城镇生态空间作为生态的补充，实现了生态空间的全面覆盖。

自然生态空间的发展重点涵盖了各种自然保护区、森林公园、风景名胜区、水功能区、历史文化遗产保护区和生态修复区等。自然生态空间应致力于规模的扩大和生态功能的最大化，结构由简单逐渐发展至复杂。具体布局包括：确定一定范围内的宏观生态安全格局；对生态失效空间实施生态修复工程，推进荒漠化、石漠化、水土流失的综合治理。结合生态产品生产基础，分别划定适宜保护、修复、产业发展的空间区域；保护自然水系，避免割断溪流破坏生态廊道；恢复流域、山林等生态系统，对溪谷、森林、历史文化遗址等自然与人文景观适度开发生态旅游；实施生态移民和生态补偿政策。

农业生态空间是人类经长期干预逐渐稳定的半自然、半人工空间单元，易受人类活动影响，一旦遭受建设性破坏，难以恢复。其布局内容包括：在生态地理和农业发展条件的综合评价基础上，划定永久性农业生产用地；指导性地布局粮食主产区、经济作物和特色农产品园区；确定新农村、自然村保护和城乡统筹服务设施的空间部署。

设施生态空间，通常呈带状或线状，嵌入农业生态空间或自然生态空间中，是区域甚至国家层面的重要基础和公共服务设施。将设施生态空间视为生态脉络，基于设施生态空间均等化配置。城乡基础设施均等化是经济发展到一定阶段的价值取向，其内涵体现在城乡居民对各种基础设施的边际消费应均等，且基础设施的"普及率"或"覆盖率"在城乡间应保持一致。城乡基础设施均等化的实现路径涉及基础设施投资、建造与维护。

城镇生态空间作为人工化的基本空间单元，是人类生态空间的主要表现形式，是当前及未来规划建设的重点。生态城市和生态村的逐步成熟为城镇生态空间的布局提供了借鉴。城镇生态空间的布局内容包括在市（县）域内。

(三) 城乡一体化空间发展策略

1. 自然生态空间加强生态保育

①针对山林生态的恢复与重建，需制定相应措施，依法对林地进行保护和管理。进行植树造林的目的是提高林地的覆盖率以及林木的品质。

②对于水域保护地，应实施流域的综合治理，消除点源污染，控制面源污染。同时，建设河流与湖泊沿岸的林草工程，加强水土保持和水源的涵养工作，保护湿地资源。这包括充分利用湿地的生态净化和调节水资源的能力，优化区域内水资源的配置，推广节水技术和中水回用，以提高水资源的利用效率。

③在耕地保护方面，必须采取严格的措施，以确保不改变或占用基本

农田。因此，需要创新耕地占补平衡和基本农田保护机制，并严格执行耕地占用补偿制度以及控制建设用地总量和农用地（特别是耕地）的转用总量。

2. 城乡生态空间协调开发与保护

①城乡之间要协调人口与经济。城乡生态空间的经济集聚明显，应在集聚经济的同时，集聚相应规模的人口，有序引导乡村人口向城镇和小城镇转移，促使小城镇人口向大城市迁移。

②要协调城乡人口与土地使用。整体而言，城市人口应该呈现增加的趋势，乡村人口则相反。在城市化地区，随着人口规模的增加和区域的扩大，建设用地的需求不断增加，并且保持较高的人口密度。与此相对应，以农产品种植为主的乡村地区，居住人口较多且分布较为分散，因此需要进行合理的规划和布局，以确保各项城市基础设施和公共服务设施的有效提供。此外，为了保障农业的规模化生产，需要适度减少并集中村庄建设用地规模。

③协调河流上下游地区的开发。考虑到上下游城乡空间在生态服务功能与环境效应上的差异，经济发展方面应寻求缩小区域差距的方法，生态补偿方面更需重视上游地区的生态环境修复。

④协调地上与地下空间的开发。地下空间开发需考虑地质条件、水文水位及建筑工程等因素，同时也需考虑对生态环境的影响，确保地下资源开发与生态保护的平衡。

⑤协调城乡环境的综合治理。乡村环境问题，如面源污染影响广、乡镇企业污染等，城市环境问题如"热岛效应"、大气污染、"城市海洋"。随着城镇化的加速，城乡环境问题越来越复杂化，污染扩散也越来越严重。因此，我们需要在规划中综合考虑这些不同的污染来源和影响因素，以制订出科学合理的防治方案。

3. 设施生态空间加强城乡共享

为实现城乡设施的共享，需按照基础设施城镇化和服务设施社区化的标准与要求，提升乡村地区基础设施的现代化水平，改善乡村人居环境。可以以中心镇（村）为节点，全面改善给水排水、电力电信、环卫环保等生活设施。此外，大型设施建设的规模与选址应与区域城乡人口、发展规模及需求等多方面因素相协调，以避免不合理建设造成资源浪费。交通运输设施是城乡间具体中转、到达与衔接的关键，应考虑多种运输方式以提高综合运输能力。

4.农业生态空间现代化发展与环境安全相结合

目前，现代农业发展模式包括生态农业、都市农业、观光农业、循环农业、湿地农业等。农业生态化发展需从多方面落实农业生态安全建设，包括加速农业生态安全技术的开发与应用，严格控制面源污染，建立农业生态安全监测预警系统。

第二节　城乡道路规划设计

一、城乡道路网规划的基本要求

(一) 满足城乡道路交通运输的快速、经济和安全的需要

城乡道路网，作为城乡综合交通体系的关键子系统，承载着连接城乡的重要职责。在这一体系中，每条道路的功能和性质必须与其在道路网中的地位相匹配，以确保城乡之间的交通联系既方便又迅速，同时保证安全和经济效益。为实现这一目标，城乡道路网的设计与规划应侧重于形成高效的道路交通干道系统，主要满足以速度为核心的长距离出行需求。同时，城乡间的道路连接不仅仅是长途出行的通道，它们也是日常工作和生活交流的纽带。因此，在城乡间形成的道路不仅应服务于长途旅行，还应满足以交通容量为主的短距离出行需求。这样的设计有助于便捷地处理客货流动，有效集散货物与人流，从而促进城乡间的经济和社会活动。在构建城乡道路网时，我们还必须考虑到道路的多元功能。道路不仅是交通工具的通行路线，还担当着城乡发展的媒介角色。因此，其布局应该与周围环境融为一体，既要满足人们的出行需求，又要创造出宜居、宜人的城市景观。为此，我们可以采用多种手段，如在道路两侧栽种各种植物，如树木和花卉，不仅可以美化道路本身，还有助于净化空气，提高居民生活质量。同时，适当的路灯和标志系统能够确保夜间行车的安全，同时还能强化城市的夜间景观。

(二) 满足城乡用地规划的要求

城乡用地规划与道路网规划是城乡建设与发展的两个重要方面，它们相互依存、相互影响。要创造良好的城乡建设发展条件，必须将这两个规划有机地结合在一起。仅依靠土地规划难以确保交通运输的合理性，同样，只有道路网规划也无法满足用地的合理布局与使用需求。这种缺乏协调的情况往往会导致用地与道路系统之间的不协调现象。因此，要求城乡道路网规划与城乡用地规划紧密结合，实现相辅相成的关系。

城乡道路在用地规划中通常起着至关重要的作用。它们不仅仅是交通的通道，更是划分各类用地的界限，形成了城乡用地分区布局的"骨架"。在此基础上，道路网划分的用地及分区形态应当有利于城乡总体规划，满足各类用地的基本要求和发展需要。例如，在居住区域规划中，道路应设计为连接社区、学校、医院等重要设施，同时保证交通流畅；在商业区域规划中，道路应便于商业活动和人流的高效运输和集散。

(三) 满足城乡环境保护与城乡景观的要求

为了满足城乡环境保护和景观要求，城乡道路网的规划必须优先考虑保护环境、减少环境污染和优化景观布局。该规划应融合建筑、广场、绿地、水体、古迹、自然环境和地貌特征等多种要素，以确保城乡交通流畅的同时，创造出一种自然、和谐且富有鲜明城乡特色的景观环境。这样的环境不仅能够提供浓郁的生活气息，还能提供丰富的动感体验和美好的视觉感受。在城乡道路网的布局中，建筑的通风和日照问题应得到特别关注。道路不仅是城乡交通的脉络，也是自然风道。因此，主要道路的走向应该既能满足自然通风的需求，又需要考虑在冬季寒风或夏季台风等灾害性天气条件下的防护作用。此外，道路的设计还应促进两侧建筑的日照条件，为居民提供良好的居住环境。城乡道路网规划还应充分考虑城乡居民的生活习惯和文化特色。道路布局应与周边的历史文化遗产相协调，尊重并保护地方文化特色。例如，在具有传统特色的地区，道路规划应尽可能保留并展示该地区的历史街区和文化符号，以增强城乡居民的文化认同感和归属感。

(四) 满足管线布置和地面排水的要求

市政管线, 如水管、电缆、煤气管道等, 通常沿道路铺设。这些管线的平面和纵向走势, 以及它们的埋设深度, 都与道路网的布局紧密相连。因此, 在城乡规划的过程中, 规划者应细致考虑这些工程管线的布置需求, 确保为它们提供充足的布置空间。

道路网规划的另一个重点是利用道路进行有效的地面水排出。为此, 规划者需要综合考虑道路的纵坡设计和道路两侧地形的水流方向。理想的设计应是道路中心线的纵坡与两侧地面的水流方向相协调, 以便于水的排放和流动, 从而有效避免积水现象的发生。这不仅关系到道路的使用效率, 也关系到城市排水系统的整体运行效率。

在城乡规划中, 道路网的设计不仅仅是道路本身的布局问题, 更是一个涉及综合性多方面因素考量的复杂工程。例如, 道路网的规划需要兼顾城市美观、交通流量的合理分配、环境保护等多方面因素。此外, 道路网的规划还应与城市的整体规划相协调, 包括城市的商业区域、居民区、工业区等的合理布局。

此外, 市政管线的布置也需要考虑到道路网的使用和维护。为了确保管线的日后检修和更换, 必须对其进行专业规划。这需要综合考虑技术标准以及对道路使用的最小干扰。这样的规划结合考虑市政管线的高效运行和道路网的长期稳定使用, 以确保市政基础设施的可持续发展。

二、城乡道路网结构形式

(一) 方格网式

在城乡发展中, 方格网式的城市布局模式展现了其独特的魅力与实用性。这种布局形式, 宛如棋盘上的方格, 被广泛应用于城市规划之中。其核心思想在于, 以规则的间距划分城市的主干道, 这些干道大多平行排列, 形成一个个规整的街区。在这些干道之间, 再布置次要道路, 以分割出大小适中、形状规则的街坊, 便于城市的建筑布局和日常管理。

方格网式布局的优势在于其简洁明了的街坊形状, 这不仅便于建筑的规划与布置，也使得每个交叉口的形成简单直观，由两条相交的道路构成。这样的设计有效避免了市中心交通压力过于集中的问题，因为交通流量可以在多个方向上得到合理分配。然而，这种设计也存在明显的不足，尤其是在对角线方向的交通流动上，其不便性显而易见。

为了解决这一问题，城市规划者常在方格网式布局中加入对角线方向的干道，以此形成方格对角线式的道路网。这种改进虽然在一定程度上便利了对角线方向的交通，但同时也带来了新的挑战。对角线干道的加入导致街坊的形状变为三角形，并产生了更多复杂的交叉口，这对建筑布置和交通组织都不太有利。在方格网式道路网中，主干道和次干道的功能划分必须明确，这是适应现代化交通发展的关键。在旧城区，由于道路间距通常较小，因此可以通过组织单向交通来提高通行能力，这是对传统城市布局的一种灵活调整。

（二）环形放射式

环形放射式道路布局是城市交通规划中的一种常见形式，它通过特定的结构有效连接城市中心与外围区域。这种布局以市中心为核心，向四周延伸出若干条放射状干道，同时在这些放射干道之间连接若干条环形干道。这样的布局通常是由市中心区域逐渐向外扩展而形成的，其起点是市中心向四周伸展的放射状道路网络。

放射状道路网络的一个显著优势在于它有助于市中心与外围区域的相互联系，特别是在城乡交通的快速流动方面。当加入环形干道后，这种网络结构能够克服分区之间联系不便的问题，使得城乡之间的交通更为顺畅。环形放射式道路网形成后，它不仅能加强市中心与外围区域的联系，同时也有利于分散市中心的交通压力。但是，环形放射式道路布局也存在一些问题。由于所有的道路都会汇聚到市中心，这可能导致市中心区域的交通拥堵问题，尤其是在高峰时段。城市规划者需要对这种情况加以考虑，通过优化交通信号灯系统、增加公共交通频率等措施来缓解这一问题。同时，还需要考虑如何平衡城乡之间的发展，避免城市中心过度拥挤而乡村地区发展滞后。

（三）自由式

自由式道路设计，作为城市规划中的重要组成部分，其主要特点是紧密结合自然地形进行布局，路线的设计不遵循固定的几何形状，而是因地制宜，顺应地形的起伏变化。这种设计方式在我国众多城乡地区尤为常见，特别是在山丘地带，由于地形的复杂多变，道路规划必须考虑到减小纵坡的需要，因此常常沿山麓或河岸线进行布局。

自由式道路设计的优点在于能够最大限度地利用自然地形，从而在建设道路时节约大量工程造价。自由式道路设计不拘泥于传统的直线或规则形状，而是根据地形的自然走势进行设计，这样既保留了自然风貌，又实现了道路与自然环境的和谐共存。特别是在复杂多变的山区，这种设计方式更是成为不可或缺的选择。

但是，自由式道路设计也有其缺点：一方面，由于道路线路的弯曲和绕行，往往会导致行驶距离增加，这在一定程度上降低了道路的通行效率。另一方面，这种设计方式通常会产生不规则的街区布局，导致建筑用地分布较为分散，不仅影响了城乡规划的整体协调性，也给城市管理和服务带来了一定的困难。

在实际应用中，自由式道路设计往往需要在充分利用自然地形和保证交通效率之间寻找一个平衡点。例如，在山区或丘陵地带，可以通过合理设计道路走向，既减少土石方开挖量，又尽量避免过多的弯曲和绕行，以提高道路的直达性和通行效率。同时，在城乡规划中，也应考虑到这种道路布局对于街区形态、建筑布局和市政服务的影响，以实现更加合理和高效的城乡发展。

（四）混合式

混合式规划的一大优势在于它的综合性。它不仅仅局限于单一的规划模式，而是将方格网、环形、放射形等不同的规划风格巧妙地融合在一起。这种多元化的规划方式不但能够发挥各种形式的优点，还能有效避免各自的缺陷。例如，方格网规划在简化道路布局、提高交通效率方面有显著优势，但可能在某些地形条件下并不适用；环形、放射形规划则能够更好地适应自然地理环境，促进交通流的均衡分布。

在具体实施时，混合式规划强调因地制宜、扬长避短。这意味着在制定规划时，需要综合考虑城乡的自然地理条件、经济发展水平、交通需求等多方面因素，制定出最符合当地实际需要的规划方案。例如，在人口密集、商业活跃的市中心区域，采用方格网形式可以有效提高道路的通行效率；而在城市外围，环形、放射形道路的设置有利于引导交通流向外围分散，减轻市中心的交通压力。

此外，混合式规划在提高交通效率的同时，也注重对环境的保护和文化遗产的维护。它倡导在道路建设和城市扩展中，充分考虑对现有自然环境和历史文化遗址的影响，力求在城乡发展和环境保护之间找到平衡点。这种综合性的规划思路不仅促进了城乡的经济发展，也提升了城乡居民的生活质量。

三、城乡道路网规划设计的步骤与方法

(一) 一般步骤

城乡道路系统规划的主要步骤涵盖多个方面。

①需要分析城乡用地布局中各交通吸引点（或集散点）之间的相互联系及线路布置。

②对城镇客运和货运交通量的现状、存在的问题以及未来的发展趋势进行估计，并预测其在主干道上的流量分布。

③确定干道的性质、选线、走向布局，以及红线宽度和断面组合。

④选择交叉口的型式、立交和桥梁的位置、用地范围以及控制标高。

⑤需要绘制干道及道路网图，并编制相应的规划说明书。

(二) 一般方法

1. 资料准备

①城乡地形图：覆盖城乡市界以内地区，地形图的比例尺一般为 $1:2000 \sim 1:5000$。

②城乡区域地形图：包括邻近城镇，能展示区域内城乡间的关系、河湖

水系，以及公路、铁路的联系。地形图比例尺为 1∶50000～1∶100000。

③城乡发展经济资料：涵盖城乡的性质、发展期限、工业及其他生产的发展规模、外部交通、人口规模、用地指标等。

④城乡交通调查资料：包括城乡客流、货流调查资料，机动车和非机动车的历年统计车辆数，道路交通量的增长情况及存在的问题，以及交通流量分布图等。

⑤城乡道路现状资料：使用 1∶500～1∶1000 的地形图，准确反映道路平面线形、交叉口形状、道路横断面，以及路面结构形式、桥涵的结构型式和设计荷载等相关资料。

2. 交通吸引点分布及其联系线路的确定

城镇中的交通规划需注重各主要组成部分之间的联系，这些包括工业区、居住区、市中心、大型体育场(馆)、文化设施以及对外交通枢纽(如车站、港口)等。这些区域通常是人流和车流的集散中心，它们之间需要建立便捷且合适的道路联系。为了适应这些用地之间的大量交通需求，主要连接线路将被规划为主干道，而那些交通量较小且不贯通全市的主要地区的路线，则规划为次干道。此外，更注重客运和生活服务的道路将成为生活型道路。

在城镇干道网的规划中，充分掌握各主要交通吸引点的交通特征、流向与流量的概略数据至关重要。这不仅包括对交通量的估计，也涉及对地形和现状的初步勘测。这些数据将作为规划干道网略图的重要基础。

在具体布置各用地上主要交通吸引点之间的联系路线时，规划应密切结合自然地形、城镇现状及总体规划的分区发展布局。因此，联系路线的设计往往不能简单地采用平直路线。这意味着，规划时需要考虑到地理特点、已有的建筑布局和未来的发展趋势，以确保道路系统的高效、合理且具有可持续性。此外，还应考虑到环境保护、城市美观及居民生活质量等因素，以保证道路系统不仅仅在功能上满足需求，还能提升城市整体的生活环境和美观程度。

3. 干道网的交通量发展与估计

在进行干道网的交通量发展与估计时，需要考虑多个方面的因素。首先，对于扩建新区及新建城镇，其交通吸引点之间的联结道路上的货运车流量，可以根据工业、仓库布置、生产规模、对外交通流向及其近期和远期建设、投产计划来进行确定。这意味着我们需要对这些新区域的工业布局和仓库分布进行详细的分析，以及对生产的规模和发展趋势进行预测。同时，对于外部交通的流向，也需要进行细致的考量，包括未来建设和生产的计划。

对于客运交通量的估计，则需要基于现状流量相类似的企业或居住区的数据。我们应当根据不同交通方式合适的比例来估计近期和远期的客运交通量。这包括对各类交通方式的详细分析，以及对客运需求的预测。

在条件不充分的情况下，我们也可以参考已建立的同类性质的工业区及人口规模近似的新城镇的交通实际发展资料。通过论证分析，可以对这些数据进行粗略的估算，以此为基础，对新区域的交通发展进行预测。

对于在扩建新区、改造旧城进行必要路网调整、改造、扩充时，我们通常会对现有的道路系统进行重点分析。这包括对关键路段、交叉口的现状交通量、车速、路况进行观测调查。通过对这些实测资料的分析整理，我们可以找出关键问题和存在的矛盾。随后，根据远景规划年限与交通方式、车辆发展的估计比例，特别是扩建区对旧城交通联系上可能的变化增长，以及某些干道建成后可能引起的旧路交通量的分流和转向变化等因素，来拟定道路网上的远期可能交通量分布。这样的估算结果将更加贴近实际情况。

4.干道网的流量分布与调整

在城市交通规划领域中，理解和调整干道网的流量分布是一个重要的课题。通过对当前干道网流量分布的详细分析，以及对未来流量增长的预测估算，我们可以更加明确地识别那些现有道路和干道的车道数及其断面组合形式是否已经接近或达到了饱和流量（或拥塞状态），以及哪些路段需要拓宽车行道或进行组合调整。

为了有效缓解现有主干道的交通压力，我们需要在特定地区规划和增设平行通道，或开辟新的干道以分流交通。此外，对于那些拥堵的地区，规划和布置停车场地，增添和调整公路枢纽（如始末站），以及对某些平交路口进行拓宽治理或改造为立体交叉，也是必不可少的措施。因此，只有通过对城镇总平面图上的交通流量和流向进行深入的分析研究，我们才能提出经济、合理且可行的道路网调整和扩充方案。这包括确定合适的红线宽度、断面组合、交叉路口的几何形式以及用地范围等。这些方案不仅考虑了当前的交通需求，也预见了未来的发展趋势。

此外，在考虑城市交通规划时，还应重视交通网络与城市发展、环境保护和居民生活质量之间的相互影响。例如，有效的交通规划可以减少交通拥堵，从而降低空气污染和噪声污染，改善城市居民的生活环境。同时，考虑到城市与乡村地区的交通需求和特点，制定差异化的交通规划策略也是至关重要的。在城市地区，鼓励公共交通系统的发展，提高公交服务的覆盖范围和效率，可以有效减轻私家车对道路的压力。同时，在乡村地区，改善道路基础设施，提高交通可达性，可以促进地区经济的发展。此外，发展智能交通系统，利用现代科技手段如大数据分析和人工智能来优化交通流量的分配和管理，也是现代城乡交通规划中不可或缺的一部分。

5.道路网规划图的绘制与说明

道路网规划通常在1∶1000～1∶2000比例尺的现状地形图上进行。其成果图所采用的比例尺与城镇用地规模有关，可采用1∶2000或缩小到1∶5000～1∶10000的比例尺。一般情况下，小城镇适用1∶1000～1∶2000比例尺；县镇和小城市适用1∶5000比例尺；条带状小城市可采用1∶1000比例尺；至于中等城市，根据规模大小，也可使用1∶10000～1∶25000的比例尺。

道路网规划图应分别清晰显示主干道、次干道、全市性商业大街（或步行街）、林荫道以及街坊、小区之间的一般道路和联通道路的方向与平面线型。重要的主干道和次干道交汇处的平交路口，应明确表示方位坐标和中心点的控制高程；立交、桥梁等的位置，不仅要在图上绘制出范围、控制高程、匝道和引道，还应在说明书中详细阐述其结构形式、用地范围、控制高程及依据。此外，广场、停车场、公交车辆保养场等的位置和用地的几何尺寸规模也应在图纸和说明书中标注。

道路的类型、分类、路面宽度及横断面结构最好在图纸的一角详细描述，并标明主要尺寸，也可在说明书中列出，并说明拟改建或新增的路段长度。

成果图由于采用较小比例尺，通常只标注主干道、次干道以及其他支路、广场、公共停车场、对外交通枢纽、立交和桥梁的位置，以及主、次干道的红线和断面结构图。

第三节　城乡规划管理分析

一、城乡规划管理的基本知识

(一) 城乡规划管理的概念和特征

城乡规划管理是指政府为了推动城乡经济、社会、环境的全面、协调和可持续发展，依据法律对城乡规划进行定制，以及对城乡区域内土地使用和各类建设项目进行组织、控制、协调、引导、决策和监督的一系列行政管理活动。这一过程涵盖了多方面的管理职能，旨在实现城乡发展的协调统一和优化。根据定义，城乡规划管理被视为政府职能的重要组成部分，是城乡建设活动的客观需要，同时也是一项具有综合性、科学性、法治性和地方性特点的行政管理工作。在实际实施中，应遵循相关法律法规，结合本地区的发展规律和实际情况，因地制宜地进行管理。同时，管理人员应该具备广泛的科学知识，尊重科学原理，严格按照规定办事，自觉接受法律和公众的监督，全心全意地为人民服务。

城乡规划管理具有多样的特征，其中包括综合性、整体性、系统性、时序性、地方性、政策性、技术性和艺术性等。在这些特征中，有五个基本特征值得特别关注。

①城乡规划管理的功能具有双重性，既提供服务，又具有制约作用，体现了其在指导和控制城乡发展中的双重角色。

②城乡规划管理的管理对象具有双重性，既包括宏观层面的整体规划，又涉及微观层面的具体实施，体现了宏观与微观的双重管理视角。

③城乡规划管理的内容具有双重性，既涉及专业领域的具体内容，又包括综合性的多方面考量，这种专业与综合的结合是其核心特点之一。

④城乡规划管理的过程具有双重性，既有其阶段性特征 (如规划设计、实施和评估阶段)，又具有长期性，需要持续跟踪和调整，确保规划的长效性。

⑤城乡规划管理的方法具有双重性，既遵循一定的规律性原则，又具有灵活性和主动性，这种规律性与能动性的结合有助于更好地适应和引领城

乡发展的变化。

(二) 城乡规划管理的任务和基本工作内容

城乡规划管理的任务主要分为四方面：①确保城乡规划及建设的法律、法规得到有效实施，保障政令的顺畅执行。②保证城乡的综合功能能够充分发挥，积极推动经济、社会和环境的协调发展。③努力实现城乡建设活动的规范化，以促进城乡规划的有效实施。④保护城市的公共利益，维护相关各方的合法权益。这些任务共同构成了城乡规划管理的核心职责，指导其工作内容的开展。

城乡规划管理的基本工作内容主要包括三方面。

①城乡规划的组织编制和审批管理：这一部分也被称为"制定"管理，主要包括对城乡规划的制定、调整和审批等工作。这不仅包括规划的制定过程，也包括对规划的审查和批准，确保规划的科学性和合理性。

②城乡规划的实施管理，也称为"实施"管理，这一部分贯穿于建设工程计划、用地和建设的全部过程。根据不同建设工程的特点和类型，又可以细分为建筑工程、市政管线工程、市政交通工程和历史文化遗产保护规划管理等多个方面。这要求管理者不仅要对规划实施过程中的各个环节进行有效的管理，还需要对不同类型的工程项目进行特定的管理和指导。

③城乡规划实施的监督检查管理，又被称作行政监督。这一环节主要涉及对建设工程规划审批后的监督管理，以及对违法用地、违法建设行为的检查和处罚。这要求管理者不仅要有较强的法律意识和责任感，还需要具备专业的知识和技能，以便对可能出现的违法行为进行有效的预防和查处。

(三) 城乡规划管理的方法与技术

城乡规划管理涉及多种方法与技术，其目标在于确保城乡规划的高效实施与管理。在这一过程中，城乡规划主管部门扮演着关键角色，负责核发选址意见书、建设用地规划许可证、建设工程规划许可证及乡村建设规划许可证等。这些证件构成了规划行政审批许可证制度的核心，确保了规划实施的合法性与规范性。城乡规划管理的方法主要分为四类。

①行政方法：行政方法的特点是权威性、强制性与直接性。其优势在于

可以使规划管理系统集中统一，便于规划管理职能的有效发挥，并能根据具体情况灵活采取相应手段。然而，行政方法也存在局限性，如可能忽略经济利益的要求，损害合法的经济利益，减弱对外界环境的应变能力，以及可能削弱人际的思想与感情交流。

②法律方法：除了具有强制性、权威性和直接性外，法律方法还具备规范性、稳定性、防范性和平等性等特点。法律方法主要适用于处理共性问题，但在处理特殊或个别问题时可能不如行政方法灵活。

③经济方法：通过经济杠杆如价格、税收、奖金、罚款等经济手段，根据客观经济规律进行规划管理。其优点在于作用范围广泛、运用灵活、有效性强，但在实际应用中仍存在一些弱点。

④咨询方法：请专家协助政府引导城市建设和发展，或帮助开发建设单位进行决策。这种方法的优势在于能汇聚众智，科学地确定发展目标和实施对策，准确表达社会需求，减少决策失误，尤其是避免重大失误，以获取最大可能的综合效益。

至于城乡规划管理的技术，主要涉及现代科学技术的应用和专业技术手段的发展与创新。例如，计算机技术的应用已经显著提升了规划管理水平。此外，城乡规划专业技术手段的发展和创新包括城乡设计技术、区划技术、历史建筑和历史街区保护方法、城乡规划政策的研究与制定、环境设计导则等领域的研究与应用。

通过这些多元化的方法与先进技术的结合运用，城乡规划管理可以更加高效和科学，从而有效推动城乡现代化建设的进程，实现城乡环境的和谐发展。在实践中，这些方法与技术的灵活运用和相互补充，为城乡规划管理提供了强有力的支撑。

（四）城乡规划管理应遵循的原则

城乡规划管理是一个复杂而细致的过程，其核心在于遵循一系列基本原则以确保规划的有效性和可行性。这些原则不仅覆盖了城乡统筹、合理布局、节约土地、集约发展以及先规划后建设等方面，同时也需适应区域人口发展、国防建设、防灾减灾、公共卫生和公共安全等方面的需求。

在规划管理的整体工作中，特别需要重视以下几个原则。

①依法行政原则：这一原则是为了完善社会主义民主制度，保障人民参与管理权利，改善和加强党对政府工作的领导。同时，它也是为了更好地履行城市规划管理职能的需求。通过依法行政，可以确保城乡规划管理工作的正当性和公平性。

②系统管理原则：这一原则旨在解决管理整体效应、管理系统内部的协调性、管理系统对外界环境的适应性以及建立信息反馈网络等方面的问题。通过系统化的管理，可以更有效地处理城乡规划中出现的各种复杂情况。

③集中统一管理原则：城乡作为一个完整的系统，需要实行统一规划和统一规划管理。城乡人民政府负责指导城乡合理发展，正确处理局部利益与整体利益、近期建设与远景发展、城乡建设与耕地保护、现代化建设与历史文化遗产保护的关系。为了发挥城乡规划对土地和空间资源的调控作用，促进经济、社会和环境的协调发展，必须由城乡人民政府集中统一进行规划和管理，避免规划审批权的下放导致的各自为政和城市总体规划实施的失效。

④政务公开原则：政务公开是推进依法行政的重要改革措施。财务公开原则要求将办事依据、程序、机构和人员、结果、纪律和投诉渠道等信息公开化。公开的形式既可以是公告形式，也可以采取其他方式。此外，"公众参与"是政务公开的一个重要方面，但在实践中还存在一些问题，需要不断探索和总结。

(五) 城乡规划管理的现代观念

1. 以人为本的观念

城乡规划管理的核心是"以人为本"。这一观念主要体现在以下三方面：①在规划的编制和实施阶段，其本质和目标都是为了维护人民群众的利益。②城乡规划管理通过对建设单位代表的作用发挥其积极性。③城乡规划管理人员的专业素养、工作能力和职业道德对规划管理工作的成功发挥着关键作用。

2. 系统观念

在城乡规划管理中，系统观念强调管理者应自觉运用系统理论和方法，对管理要素、管理组织和管理过程进行系统分析，以优化管理的整体功能并取得良好效果。这意味着，城乡规划管理应被视为一项系统工程，需要综合运用相关学科的知识、方法和技术来解决系统运行中的各种问题。

3. 法治观念

推进法治建设是我国未来一段时间内的重要工作计划之一。在此背景下，实现城乡规划管理的法治化成为一项势在必行的任务。法治观念的确立有助于维护规划管理秩序，保障公民权益和制约政府权力，从而保证社会的良性发展和公平公正。

(六) 我国城乡规划管理的特点

1. 城乡规划管理职责逐步清晰

在我国的城乡规划管理体系中，各项职责已变得越来越明确。目前，已建立了包含城镇体系规划、城市规划、镇规划、乡规划、村庄规划等多层面的综合规划体系。相关法律法规清晰界定了各级规划的职责，包括编制原则、目标和内容。此外，城乡规划的法律法规也明确了规划管理部门的审批、实施和监督职责，并规定了违法建设的法律责任。这样明确的职责分工为我国城乡规划管理提供了清晰的方向。

2. 城乡规划管理程序较为合理

经过多年的发展和改进，无论是城乡规划的编制还是审批调整，我国的城乡规划管理部门都已基本形成了一套科学、合理的规划管理程序。这不仅为当前的管理提供了有效的运作模式，也为未来城乡规划管理体制的改革和创新提供了坚实的依据和保障。

二、新时期城乡规划管理的改革

(一) 新时期城乡规划管理的相关改革

1. 机构改革

2018 年 2 月 28 日，在北京举行的中国共产党第十九届中央委员会第三次全体会议审议通过《中共中央关于深化党和国家机构改革的决定》(以下简称《决定》) 和《深化党和国家机构改革方案》(以下简称《方案》)。《决定》明确提出，深化党和国家机构改革，目标是构建系统完备、科学规范、运行高效的党和国家机构职能体系。这是党中央高瞻远瞩、审时度势做出的重大战略决策，对于决胜全面建成小康社会、夺取新时代中国特色社会主义伟大胜利具有深远意义。

《方案》提出组建自然资源部。将国土资源部的职责，国家发展和改革委员会的组织编制主体功能区规划职责，住房和城乡建设部的城乡规划管理职责，水利部的水资源调查和确权登记管理职责，农业部的草原资源调查和确权登记管理职责，国家林业局的森林、湿地等资源调查和确权登记管理职责，国家海洋局的职责，国家测绘地理信息局的职责整合，组建自然资源部。作为国务院组成部门，自然资源部对外保留国家海洋局牌子，主要职责是：对自然资源开发利用和保护进行监管，建立空间规划体系并监督实施，履行全民所有各类自然资源资产所有者职责，统一调查和确权登记，建立自然资源有偿使用制度，负责测绘和地质勘查行业管理等。

通过这次机构改革，城乡规划管理的行政主体和行政权力都转移到新组建的自然资源部。

2. 规划体系改革

(1) 规划层级和规划类型

在讨论国土空间规划的层级和类型时，我们通常将其划分为"五级三类"。所谓的"五级"，是根据我国行政管理体系纵向划分的五个层级，具体为国家级、省级、市级、县级、乡镇级。这些不同层级的规划侧重点和编制深度各有不同：国家级规划侧重于战略性，省级规划侧重于协调性，而市县级和乡镇级规划则侧重于实施性。值得注意的是，并非每个地区都需逐层编制规划。在某些地方，由于区域相对较小，市县级规划和乡镇规划可以合并编制，或者几个乡镇可以共同编制一个规划。

至于规划的"三类"，指的是规划的类型，即总体规划、详细规划和相关的专项规划。总体规划重在综合性，涵盖某一行政区域内的国土空间保护、开发、利用、修复等全局性安排。详细规划则侧重于实施性，通常在市县以下级别组织编制，针对特定地块的用途和开发强度等进行具体的实施性安排。详细规划是国土空间开发保护活动的法定依据，包括实施国土空间用途管制、核发城乡建设项目规划许可等。《关于建立国土空间规划体系并监督实施的若干意见》中特别强调，城镇开发边界外的村庄规划应作为详细规划来规范村庄规划。

相关的专项规划则侧重于专门性，一般由自然资源部门或其他相关部门组织编制。这类规划在国家级、省级和市县级层面进行，针对特定区域或流域（如长江经济带流域）、城市群、都市圈等，或特定领域如交通、水利等，进行专门性的空间开发保护利用安排。

（2）规划运行体系

在讨论国土空间规划运行体系时，我们可以将其划分为四个子体系，这些子体系从不同的角度和功能进行分类。

一方面，从规划流程的角度出发，可以将其分为规划编制审批体系和规划实施监督体系。规划编制审批体系负责规划的制定和批准过程，而规划实施监督体系则关注规划执行的监控和管理。

另一方面，从支持规划运行的角度进行划分，则包括法规政策体系和技术标准体系。法规政策体系提供了规划运行的法律和政策框架，确保规划的合法性和合理性。技术标准体系则提供了执行规划时必须遵循的技术指标和标准。

这四个子体系共同构成了一个完整的国土空间规划体系。与以往的规划体系相比，当前的改革重点在于改善原有较为关注的规划编制审批环节，并特别加强了规划实施监督。同时，这两个基础体系也根据新时代的要求进行了重构，以适应现代城乡规划的发展需求。

3. 规划组织编制和审批管理改革

全国国土空间规划的编制工作由自然资源部会同相关部门负责，经党中央、国务院审定并印发。省级国土空间规划由省级政府组织编制，须经同级人大常委会审议，再报国务院审批。城市国土空间总体规划，若需国务院审批，由市政府组织编制，经同级人大常委会审议后，由省级政府向国务院报批。市县及乡镇的国土空间规划则由省级政府根据当地实际情况，明确规划的编制和审批内容及程序要求。各地区可根据实际情况决定是否将市县与乡镇的国土空间规划合并编制，或者选择以几个乡镇为单位，单独编制乡镇级的国土空间规划。

针对沿海地区、自然保护区等特殊地段的专项规划、跨行政区域或流域的国土空间规划，应由所在区域或上级自然资源主管部门牵头编制，并提交同级政府审批批准。涉及特定领域的专项规划，如交通、能源、水利、农业、信息技术、市政等基础设施以及公共服务设施、军事设施、生态环境保护、文物保护、林业草原等方面的专项规划，则由相应的主管部门负责统筹编纂。这些专项规划可以根据不同层级的需要，在国家、省、市县等不同层次进行编制，其类型和精度可根据各地实际情况而定。

至于详细规划，主要在市县及以下层级进行编制。城镇开发边界内的详细规划，由市县自然资源主管部门负责编制，并报同级政府审批。而在城镇开发边界外的乡村地区，通常以一个或几个行政村为单位，由乡镇政府组织编制"多规合一"的实用性村庄规划，作为详细规划，并报上一级政府审批。

4. 规划实施管理改革

(1) 动态监测评估预警和实施监管机制

关于规划实施管理改革，2019 年 5 月，国务院发布了《关于建立国土空间规划体系并监督实施的若干意见》。该文件中明确提出，要利用国土空间基础信息平台，建立并完善国土空间规划的动态监测评估预警和实施监管机制。上级自然资源主管部门需与相关部门合作，监督检查下级国土空间规划中各类管控边界、约束性指标等管控要求的实施情况，并将国土空间规划的执行情况纳入自然资源执法督察的范围。此外，还需要完善资源环境承载能力的监测预警长效机制，并建立国土空间规划的定期评估制度。结合国民经济和社会发展的实际情况以及规划的定期评估结果，对国土空间规划进行动态的调整和完善。

(2) "多审合一、多证合一"改革

在《关于建立国土空间规划体系并监督实施的若干意见》中，明确提出了推进"放管服"改革的要求。基于"多规合一"的原则，该改革旨在统筹规划、建设、管理三大环节，推动"多审合一"和"多证合一"，以优化建设项目用地(海)预审、规划选址及建设用地规划许可、建设工程规划许可等审批流程，从而提升审批效能和监管服务水平。

自然资源部为实现党中央、国务院推进政府职能转变、深化"放管服"改革和优化营商环境的要求，以"多规合一"为基础，推进规划用地的"多审合一、多证合一"改革。该改革主要包括以下四项内容：

①合并规划选址和用地预审：将建设项目选址意见书和建设项目用地

预审意见合并，由自然资源主管部门统一核发。对于涉及新增建设用地的项目，若用地预审权限在自然资源部，则建设单位应向地方自然资源主管部门提出申请，由地方部门受理并核发建设项目用地预审与选址意见书。若用地预审权限在省级以下自然资源主管部门，则由省级部门确定办理的层级和权限。

②合并建设用地规划许可和用地批准：将建设用地规划许可证和建设用地批准书合并，统一由自然资源主管部门核发新的建设用地规划许可证。

③推进多测整合、多验合一：以统一规范标准和强化成果共享为重点，整合建设用地审批、城乡规划许可、规划核实、竣工验收和不动产登记等测绘业务，避免重复审核和多次提交相同测绘成果。

④简化报件审批材料：各地需依据"多审合一、多证合一"改革要求，核发新版证书，并清理现有建设用地审批和城乡规划许可的办事指南、申请表单和申报材料清单，进一步简化和规范申报材料。同时，加快信息化建设，提供在线办理、进度查询和文书下载打印等服务。

(二) 现代城乡规划管理的优化方向与要点

在目前的工作实践中，我们发现传统城乡规划管理还存在一些短板和弊端，尤其在创新方面，仍旧沿用传统模式和路径。因此，为了更好地探索城乡规划管理的创新，我们需要积极地融入创新性管理模式。随着现代城乡规划管理工作的不断推进，我们可以借鉴现代管理理念，将创新要素融入其中，并结合实际工作情况，探索适合我们自身发展的城乡规划管理与优化途径。在这个过程中，领导层应首先更新理念，提高对城乡规划管理工作优化的重视程度，合理分配资源，以提升城乡规划管理工作的综合效能，并适应当前经济社会的发展进程，推动传统城乡规划管理工作的不断升级。对于城乡规划管理工作人员，应从理念创新和模式创新的角度出发，寻找适合本地区域的城乡规划管理模式，促进传统城乡规划管理工作的转型发展。

在城乡规划管理工作的发展过程中，我们需要通过不断完善制度体系来提升管理的针对性和科学性，从而更好地提升城乡规划管理的综合效能。在建立城乡规划管理制度体系的过程中，我们应提高制度的科学性，使其更好地适应城乡规划工作的实际情况。规范的制度架构体系可以提高城乡规划管理的规范性水平，并通过制度约束引导城乡规划管理工作朝着正确的方向发展。

在建立城乡规划管理制度的过程中，我们应积极听取基层人员的意见和声音，以更好地解决城乡规划管理工作中存在的实际问题。同时，在解决问题的过程中，我们应不断完善综合制度体系，形成良性的发展循环。

在现代城乡规划管理工作的发展过程中，将传统工作与现代信息技术深度融合是至关重要的。随着现代信息技术的发展，如大数据等技术手段不断渗透到传统工作领域中，考虑到城乡规划管理工作的信息量大、体系复杂等特点，融入大数据等现代技术手段将有助于进一步提升信息化操作水平，从而提高城乡规划管理的综合效能。因此，坚持信息化发展对城乡规划管理至关重要。以大数据技术为例，一方面，它可以实现数据信息资源的整合和汇聚，另一方面，通过数据分析和预测，我们可以对发展形势有更清晰的认识，这对决策和发展都具有重要意义。探索信息化发展路径，是现代城乡规划管理工作发展的重要原则和途径。

三、城乡规划编制及其审批对策

在城乡规划的编制与审批过程中，受多种因素的影响和干扰，导致其在法规程序方面存在不合理性、内容缺乏完善性和主体不够明确等问题。因此，为了规范城乡规划编制与审批行为，需要不断健全城乡规划的法律法规，有效解决这些问题。

(一) 建立健全互动机制

在城乡规划的编制过程中，应坚持以政府组织部门的合作为编制原则，并以此为依托，有效建立互动机制，强化公众参与的力度，确保城乡规划的科学编制和审批。同时，在开展城乡规划编制工作时，也应积极听取相关部门的意见，从整体角度出发，进行总体规划。在审批前，应对公众进行公示，征求公众意见，确保城乡规划编制的合理性。此外，在具体的编制设计过程中，编制人员应从公众角度出发，改进城乡规划理念。在设计阶段，应积极与公众探讨和沟通，广泛听取意见，充分考虑公众的思考，并有效融入其中，以保证规划编制的科学性。

(二) 不断提升城乡规划编制与审批的约束力

为了有效解决城乡规划编制与审批过程中存在的问题，实际工作中应严格立法，并不断强化其约束力。在城乡规划工作期间，地方人大不仅要进行立法，还应在立法阶段广泛征求社会意见，并积极与公众讨论，以确保城乡规划条例具有时效性和包容性。

同时，地方人大应根据城乡的发展环境和具体现状，从多个角度进行分析，并客观制定立法，从而从整体角度上强化地方城市规划条例的实践性。依照立法，可科学预防地方政府为了眼前利益而忽视长远利益的行为，确保地方政府有序规划，树立长远价值观，进一步提升城乡规划编制与审批水平，促进城乡规划整体发展进程。

(三) 强化对编制理念及审批主体的规范

为了更好地处理城乡规划编制与审批中的问题，应加大对相关人员的教育力度，定期组织培训，提高其价值观和审批水平。同时，应不断强化审批主体，规范审批流程，并缩短审批时间。在技术规范层面上，必须严格把关，一旦出现问题，应及时修正以确保审批质量。

此外，政府及城乡规划行政主管部门在工作期间需分工明确，权责清晰，以保证编制与审批过程的公平和公正。需要强调的是，对于编制和审批的主体，应强化规范，结合实际情况灵活兼顾，明确定义，从而全面凸显规划的权威性。

(四) 不断对编制及审批程序进行优化

为了增强城乡规划编制与审批的合理性，在实际工作中，应不断监督和约束审批人员。在工作期间，需要加强对审批人员的培训，确保审批程序的合法性，并不断提高审批的精准性。同时，在规划过程中应有效优化编制程序内容，加大约束力度，建立完善的流程体系，该体系应涵盖编制原则、审批主体、审批程序及编制内容等。此外，在城乡规划阶段，应突出重点，强化编制和审批主体，完善程序，深入分析当前阶段的不足，科学调整，为城乡规划工作的有序开展奠定基础。

(五) 强化对法规精神层面的重视

为了有效解决城乡规划编制与审批期间的问题，在实际规划工作中，应以城乡统筹为基本原则，以改变城市为本的价值观为导向，促进经济社会的全面协调可持续发展。在编制与审批过程中，需依照《城乡规划法》，科学完善城乡规划体系，精准界定，建立健全法规机制。包括城镇体系规划及城市规划，需将镇乡规划与城市规划同等重视。经历长期城乡分割后，需投入更多资源于镇、乡、村规划，合理弥补历史遗留问题。《城乡规划法》的进一步分析显示，其强调成文规划的法律地位，尤其是控规在城市开发中的依据地位，增强了规划制定与实施的约束性。如果成文规划的拘束作用强，建设管理中的自由裁量权会适当缩小，将规划管理的矛盾及争议转移到编制及审批阶段。因此，为了提升编制及审批水平，需在法规制定中加强规划制定与实施的联系。

总之，城乡规划在城镇现代化进程中扮演重要角色。因此，城乡规划编制与审批工作应严格依照实际情况，从实际角度考量和分析，有效创新城乡规划体制，不断优化改进，使编制与审批工作更全面，提高效率，推动城乡建设良好发展。

四、依法进行城乡规划实施管理

(一) 城乡规划实施管理

城乡规划实施管理的行政主体，根据《城乡规划法》的规定，由国务院城乡规划行政主管部门主管全国城乡规划工作。县级以上地方人民政府的城乡规划行政主管部门则主管本行政区域内的城市规划工作。对于跨行政区域的城乡规划实施管理，其共同的上级人民政府城乡规划行政主管部门将承担责任。

城乡规划实施管理的基本法律制度是"一书三证"，统称为规划许可制度。"一书三证"作为城乡规划实施管理的主要法律手段和法定形式，发挥着关键作用。

选址意见书，作为城乡规划行政主管部门依法核发的法律凭证，涉及建设项目的选址和布局。建设用地规划许可证，经城乡规划行政主管部门依法确认后，规定了建设项目的位置和用地范围。建设工程规划许可证则是关于建设工程的法律凭证，由城乡规划行政主管部门依法核发。

选址意见书和规划许可证的作用主要包括三方面：一是确认城乡中相关建设活动的合法地位，保障相关建设单位和个人的合法权益；二是作为建设活动进行过程中的法定依据，以接受监督检查；三是作为城乡建设档案的重要组成部分。

乡村建设规划许可证，针对乡、村庄规划区内的乡镇企业、乡村公共设施和公益事业建设，必须取得规划许可。这是《城乡规划法》中城乡统筹规划、管理的重要体现。

(二) 建设项目选址规划管理

建设项目选址规划管理是城乡规划行政主管部门依据城乡规划及相关法律法规，对需获得相关部门批准或核准的建设项目，在划拨国有土地使用权的情况下，进行项目地址的确认或选择。此管理工作旨在确保建设项目遵循城乡规划布局，并核发建设项目选址意见书。

建设项目选址规划管理的核心目标是确保建设项目的选址和布点符合城乡规划。通过这一管理工作，城市政府能够增强对经济社会发展和城市建设的宏观调控能力，并为建设单位提供服务。同时，该管理工作综合协调建设项目选址中的各种矛盾，促进建设项目前期工作的顺利进行。确保建设项目选址的合理性，是其实施的首要环节。只有将建设项目的用地情况按照批准的城乡规划进行确认或选择，后续的规划审批手续才能顺利办理，发展改革等部门也才能据此办理项目立项相关文件。建设项目选址规划管理的关键环节包括以下几点。

①经批准的项目建议书和符合规定申请条件的审查。

②审核建设项目的基本情况。

③确认建设项目拟选地点与城乡规划布局的协调性。

④核实建设项目拟选地点与城市交通、通信、能源、市政及防灾规划的衔接与协调。

⑤确保建设项目拟选地点的配套生活设施与城市居住区及公共服务设施规划的一致性。

⑥评估建设项目拟选地点对城市环境的潜在影响，以及与环境保护、风景名胜、文物古迹保护、城市历史文化区保护等规划的协调性。

⑦考虑其他规划要求，如是否占用良田、菜地，以及有关管理部门对建设项目的管理要求等。

建设项目选址规划管理应遵循一定程序，包括申请程序、审核程序和颁布程序。首先申请程序由建设单位向城乡规划行政主管部门提出书面申请；其次审核程序则要求城乡规划行政主管部门在收到申请后于法定时限内进行程序性及实质性审核；最后的颁布程序则由城乡规划行政主管部门在法定时限内完成，包括颁发建设项目选址意见书，以及对不符合城乡规划的建设项目给予书面的不同意回复。通过这些程序，建设项目选址规划管理确保了建设项目的合理布局和规范实施，为城市发展和规划管理提供了重要保障。

(三) 建设用地规划管理

1. 建设用地规划管理的概念

建设用地规划管理是指城乡规划行政主管部门依据城乡规划法律规范和城乡规划，对建设用地的地点、位置和范围进行确定，提供土地使用的规划设计条件，并核发建设用地规划许可证的一系列行政管理工作。

2. 建设用地规划管理的内容

建设用地规划管理与土地管理在管理职责和内容上有所区别。建设用地规划管理依据城乡规划对建设工程使用土地进行选址，确定建设用地的范围，协调相关矛盾，并综合提出土地使用的规划要求，以保证城乡各项建设用地能够按照城市规划实施。土地管理则承担着维护国家土地管理制度、调整土地使用关系、保护土地使用者权益、节约和合理利用土地，以及保护耕地的责任。其主要职责包括土地征用、划拨和出让的管理；土地使用权的申报登记；进行土地清查和勘查；发放土地使用权证；制定土地使用费标准并收取费用；调解土地使用纠纷；处理非法占用、出租和转让土地的问题等。尽管建设用地规划管理与土地管理在职责上有所不同，但两者之间存在密切联系。在规划管理过程中，城乡规划行政主管部门依法核发的建设用地规划许可证，是土地行政主管部门在城市规划区内审批土地的重要依据。建设单位在获得建设用地规划许可证后，方可办理土地权属文件。因此，建设用地规划管理与土地管理应该密切配合，共同保证和促进城市规划的实施。

3. 建设用地规划管理的目的

建设用地规划管理的主要目的是实施城乡规划。城乡规划行政主管部门从城市发展的全局和长远利益出发，根据城乡规划及建设工程对用地的要求，促使各项建设工程能够经济、合理地使用土地。同时，根据城市功能要求调整不合理的用地，维护和改善城市的生态环境和人文环境质量，充分发挥城市的综合效益，促进城市物质文明和精神文明的建设。通过这些措施，城乡规划行政主管部门有效地指导和管理建设用地，确保城市规划和发展的有序进行。

4. 建设用地规划管理的任务

(1) 控制各项建设合理地使用城乡规划区内的土地，保障城乡规划的实施

土地作为城乡发展的关键因素之一，具有不可移动性和不可再生性。城乡建设最终都依赖于土地资源，一旦用地不合理，其后果可能难以挽回。因此，通过合理布局和有效控制土地使用，可以确保实现城乡规划的目标。

(2) 节约建设用地，促进城市建设和农业生产的协调发展

土地不仅是城市发展的根基，也是农业生产和人民生活的必需条件。节约用地、减少耕地占用、合理控制建设用地并提高土地使用效率，是实施基本国策的关键措施。

(3) 综合协调建设用地的有关矛盾和相关方面的要求，提高工程建设的经济、社会和环境的综合效益

在建设工程中使用土地时，建设方、相关管理部门以及城乡规划部门都会提出各自的要求。同时，这一过程还受到周围环境的影响，需要通过规划进行协调。正确处理局部与整体、近期与长远、需求与可能性、发展与保护之间的关系，从而提高用地的综合效益，是建设用地规划管理的重要任务。

(4) 不断完善、深化城乡规划

建设用地规划管理审核的内容主要包括以下几方面。

①审核建设用地申请条件：以划拨方式提供国有土地使用权的建设项目，建设单位需持有关部门的批准、核准、备案文件，并提出建设用地规划

许可申请。若是以出让方式取得国有土地使用权，建设单位在获得相关批准文件和签订土地使用权出让合同后，应向城乡规划主管部门领取建设用地规划许可证。

②提供建设用地规划设计条件：规划设计条件既是建设工程设计的依据，也是对建设用地的规划要求。这些条件通常为控制性详细规划所确定，主要涵盖土地使用性质、容积率、建筑密度、建筑高度、基地主要出入口位置、绿地比例等方面。为提高效率，规划设计条件有时也会在建设项目选址意见书中提供。

③审核建设工程总平面，明确建设用地范围。

④调整城乡用地：用地调整包括改变土地使用性质、土地使用权及性质，在保持土地所有权不变的情况下，对不合理的现状布局进行局部调整，以符合城市规划。

⑤审核临时用地：建设工程施工或堆料需要的临时用地，通常在审核建设用地范围时一并确定。临时用地使用期限通常不超过两年，期满后应归还土地，不得妨碍城乡规划的实施。

⑥地下空间的开发利用：随着城乡建设的发展，地下空间开发利用成为重要的一环。其开发应在城乡规划的指导下进行，并需要与民防规划和地下管网规划相协调。

⑦控制改变地形、地貌的活动。

以划拨方式提供国有土地使用权的建设项目，其规划管理必须遵循一定程序。

A.申请程序：建设单位经有关部门批准后，向城乡规划主管部门提出规划许可申请，由该部门核发许可证。

B.审核程序：城乡规划行政主管部门在收到申请后进行程序性审核，核定建设用地的位置、面积、建设范围，并对总平面、用地范围和设计方案进行实质性审核。

C.核发程序：城乡规划行政主管部门在审核同意后，于法定时限内颁发建设用地规划许可证及附件。

(四) 严格控制建设项目选址与用地的审批程序

在城乡规划领域，重大建设项目的选址与用地审批程序必须得到严格控制。这些项目应严格遵循土地利用总体规划、省域城镇体系规划和城市总体规划的相关规定，特别是近期建设规划和土地年度利用规划。对于因特殊情况而与省域城镇体系规划和城市总体规划不一致的选址情况，必须经过专门论证。如论证结果显示确需在所选地址建设，则必须先按照法定程序调整相关规划，并将建设项目纳入规划中，随后报请原规划批准机关审定。

关于区域重大基础设施和区域性重大项目的选址，需由项目所在地的市、县人民政府城乡规划部门提出审查意见，并报省、自治区、直辖市及计划单列市人民政府城乡规划部门审批。国家批准的项目还需报住房和城乡建设部备案。若项目涉及世界文化遗产、文物保护单位和地下文物埋藏区，必须经过文物行政主管部门的会审和同意。对于不符合规划要求的项目，住房和城乡建设部应予以纠正。在项目的可行性报告中，必须附有城乡规划部门核发的选址意见书。计划部门在批准建设项目时，必须确保建设地址符合选址意见书，并遵循不以政府文件、会议纪要等形式取代选址程序的原则。

在建设项目可行性研究阶段，建设单位应依法向有关政府国土资源行政主管部门提出建设项目用地预审申请。未依法进行预审或未通过预审的项目，相关部门不应批准其可行性研究报告，国土资源行政主管部门也不得受理其用地申请。

(五) 城市建设工程规划管理

城市建设工程规划管理是由城乡规划行政主管部门依据城乡规划相关法律规范和技术规范来实施的一项行政管理工作。这一工作的核心是对城市各类建设工程进行组织、控制、引导和协调，确保它们符合城乡规划的方向，并在此基础上核发建设工程规划许可证。

建设工程规划管理的目的和任务包括：①有效地指导各类建设活动，确保建设工程按城市规划要求有序进行；②维护城市公共安全、公共卫生、城市交通等公共利益，以及相关单位和个人的合法权益；③改善城市市容景观，提升城市环境质量；④综合协调，对相关部门的建设工程管理要求进行沟通和协作，促进建设工程的顺利建设。

建设工程规划管理的审核内容根据建设工程的特点而定。鉴于建设工程类型繁多、性质各异，一般将其分为三大类：建筑工程（包括地区开发建筑和单项建筑工程）、市政管线工程、市政交通工程。规划管理对这些工程类型分别进行审核，确保每个项目都符合城市建设的总体规划和具体要求。规划管理对其分别进行审核。

1. 地区开发建筑工程

地区开发建筑工程的审核首先应重点审查其修建性详细规划，随后根据工程进度，逐一对施工地块的建筑工程进行审核。例如，在居住区开发建设的审核中，关注点包括：居住区的规划设计基本原则、用地平衡指标、规划布局、空间环境、住宅、公共服务设施、绿地及道路系统等。施工地块的建筑工程的审核可参照单项建筑工程的标准进行。

2. 单项建筑工程

单项建筑工程的审核依据是城乡规划行政主管部门根据详细规划提出的规划设计要求及附图。审核的要点包括：建筑物的使用性质、建筑容积率、建筑密度、建筑高度、建筑间距、建筑退让、无障碍设施、绿地率、主要出入口、停车泊位、交通组织、建设基地标高、建筑空间环境、有关专业管理部门的意见以及临时建设的控制等。

3. 市政交通工程

市政交通工程主要指的是市内交通和市域交通，包括城市道路（地面和高架）、地下轨道等。地面道路工程的审核要点涉及道路走向及坐标、横断面、标高和纵坡、路面结构、交叉口、附属的隧道、桥梁、人行天桥（地道）、收费口、广场、停车场、公交车站设施等。高架交通工程的审核首先应遵循构筑物的要求，并参照交通系统规划和单项工程规划进行，同时可依据建筑工程规划许可的要求进行参考。

4. 市政管线工程

市政管线工程的主要审核内容包括管线工程的平面布置及其水平、竖向间距，以及与相关道路、建筑物、树木等的协调关系。审核要点涵盖：埋设管线的排列次序、水平间距、垂直净距、覆土深度、竖向布置；架空管线之间以及其与建（构）筑物之间的水平净距、竖向间距；管线敷设与行道树、绿化、市容景观的关系；相关管理部门的意见和其他管理内容。

需要注意，在市场经济条件下，只要土地使用权转让和投资行为合法，且符合城乡规划及相关法律规范，就应当允许建设工程规划许可证的变更。同时，在法规允许的范围内，应考虑简化或调整程序以提高效率。

（六）临时建设和临时用地规划管理

1. 临时建设和临时用地规划管理的概念

临时建设和临时用地规划管理是城市和县级人民政府城乡规划行政主管部门的重要工作内容。它们涉及城市、镇规划区内的临时建设活动和土地使用情况，需要经过严格的控制和审批流程。

临时建设指的是那些由城市或县级人民政府城乡规划行政主管部门批准，用于临时目的并且在特定期限内建立的建筑物、构筑物、道路、管线或其他设施等建设工程。这些结构通常用于应对短期需求，如临时活动、施工现场的辅助设施等。关键在于，这些建设项目必须在批准的使用期限内，由建设方自行拆除，以确保不会对城乡规划造成长期影响。

临时用地是指那些在城市或镇规划区内，因建设工程施工、物料堆放、安全需求或其他特定原因，经过正式批准后，暂时使用的土地。这类用地的特点是其使用性质的临时性和目的性，如为了配合某个建设项目的特定阶段需要而设置的工地，或为了临时存放建筑材料、机械设备等。

城市和县级人民政府城乡规划主管部门对临时建设和临时用地进行规划管理，是为了确保这些临时活动不会干扰或破坏既定的城乡规划和城市发展目标。这包括对临时建设项目的位置、规模、使用期限等方面进行审查，以及对临时用地的范围、用途和时限进行控制。通过这些管理措施，可以有效地保障城市规划的有序执行和城市环境的整体协调。

2. 临时建设和临时用地规划管理的程序

在城乡规划的管理过程中，临时建设和临时用地规划管理的程序是非常重要的环节。这个程序主要包括以下几个部分：临时建设和临时用地的申请、规划的审批、批准证件的核发以及后续的监督检查工作。

（1）申请

对于城市或镇区内的临时建设活动，建设单位或个人首先需要向负责城乡规划的行政主管部门提交一份详尽的临时建设申请报告。这份报告应当清晰地阐述以下几方面的内容：建筑的依据和理由，具体的建设地点，建筑物的层数和面积，建设的具体用途，预期的使用期限，建筑的主要结构方式，所使用的建筑材料，以及拆除工作的承诺等。此外，申请报告中还需要包括临时建设场地的权属证明或临时用地的批准文件，以及临时建筑设计的图纸等相关资料。

在临时用地的申请方面，流程与临时建设相似，申请人同样需要提交一份临时用地申请报告。这份报告应当包含有关的文件和资料，以及图纸。图纸内容应包括临时用地范围的示意图，这些图纸应当详细展示临时用地上所规划的临时设施的布置方案。

（2）审核

在城乡规划中，临时建设的审核是一个不可或缺的环节。下文将深入探讨城乡规划主管部门在审核临时建设时的具体流程和注意事项。

当城乡规划主管部门收到临时建设的申请后，他们首先要进行的是对申请文件的初步审查。这一步骤的目的是确保所有必要的文件和资料都已经齐全，以便于进一步去审批。紧接着，部门会派遣专业人员到拟建的临时建设场地进行现场踏勘。这一步骤非常重要，因为它可以让审查人员对项目的具体位置、周围环境以及可能存在的问题有一个直观的了解。

在现场踏勘之后，城乡规划主管部门需要依据近期的建设规划或者控制性详细规划对临时建设项目进行详细的审核。在这一过程中，审核人员需要仔细考量临时建设工程是否会影响到近期建设规划或者控制性详细规划的实施。此外，还需要评估该工程是否会对道路交通的正常运行、消防通道、公共安全、历史文化保护、风景名胜保护、市容市貌、环境卫生以及周边环境造成不利影响。

接下来，审查团队还需审查临时建筑的设计图纸。这包括对临时建筑的布置与周边建筑的关系、建筑层数、高度、结构、材料等方面进行细致的检查。同时，也要考虑临时建筑的使用性质、用途、建筑面积和外部装修等是否符合临时建筑的使用要求。

临时用地的审核同样至关重要。审核人员不仅要考虑临时用地是否会影响到近期建设规划的实施，还要评估其对交通、市容和安全等方面的影响。同时，审核团队需要对临时用地的必要性和可行性进行评估，并对临时用地的范围示意图进行仔细审查，其中包括了临时设施的布置方案。

(3) 批准

当申请人提交临时建设的申请报告、相关文件、材料及设计图纸后，城乡规划主管部门应对这些材料进行详细的审核。在审核过程中，必须确保所提出的建设方案符合当前的城乡规划要求，并且不会对周围的环境、交通、市容及安全造成负面影响。审核工作的严谨性是保障城乡规划有序进行的关键。一旦审核通过，城乡规划主管部门将核发临时建设批准证件。这份证件不仅是对建设方案的认可，也是对申请人的一种责任约束。证件中将明确标注临时建设的具体位置、性质、用途、层数、高度、面积和结构形式。此外，有效使用时间、规划要求以及到期后必须自行拆除的规定也将一一列明。这样做的目的在于确保临时建设严格遵守规划许可的范围和条件，以维护城乡规划的整体性和有效性。

但是，在某些情况下，如果发现临时建设可能会对近期的城乡建设规划、控制性详细规划的实施，或者对交通、市容、安全等产生不利影响，城乡规划主管部门将不予批准。在这种情况下，主管部门有责任向申请人明确说明不批准的具体理由，并以书面形式给予答复。这种做法不仅体现了审批过程的透明性和公正性，也有助于指导申请人理解和遵守城乡规划的原则和规定。

除了临时建设的审批，对临时用地的审批也是城乡规划中的一个重要内容。同样，当申请人提交临时用地的申请后，城乡规划主管部门需要对其进行严格的审核。审核通过后，将核发临时用地批准证件，并在用地范围示意图上清晰地标出批准的临时用地红线范围及其具体尺寸。这种做法有助于保证临时用地的使用不会超出批准的范围，从而避免对城乡规划造成不必要的影响。如果临时用地的申请不被批准，城乡规划主管部门同样需要向申请人说明不予批准的理由，并提供书面答复。

(4) 检查

在城乡规划的管理和执行中，监督检查是一个至关重要的环节。城乡规划主管部门负有对临时建设和临时用地进行监督检查的职责。这一职责的履行，对于确保城乡规划的有效实施和城市管理的有序运行至关重要。城乡规划主管部门的监督检查工作内容如下所述。

①部门需要对所有临时建设项目进行定期的审查。这包括对那些未经批准擅自进行的临时建设，或者未按照批准的内容执行的临时建设进行严格的检查。通过这种方式，可以及时发现并纠正违反规划法规的行为，保障城乡规划的严肃性和有效性。

②对于那些超过批准期限仍未拆除的临时建筑物、构筑物和其他设施，城乡规划主管部门也应进行严格的检查。超期未拆除的行为，不仅违反了规划许可的规定，也可能对城市的安全、美观和规划秩序造成不利影响。因此，对此类行为的及时查处是维护城乡规划秩序的必要措施。

③在监督检查过程中，一旦发现违规行为，城乡规划主管部门应依法对建设单位或个人进行处理。这可能包括责令限期改正、停止建设、拆除违建、罚款等措施。此外，根据违规行为的性质和严重程度，相关责任人还可能承担进一步的法律责任。通过这种方式，可以有效地震慑潜在的违规者，促使其严格遵守城乡规划的相关法律法规。

④城乡规划主管部门在进行监督检查时，还应注重与社区、公众的沟通和协作。通过向公众普及城乡规划的知识，鼓励公众参与到城市规划的监督中来，可以更有效地发现和纠正问题。同时，这也有助于提高公众对城市规划重要性的认识，增强社区的凝聚力和责任感。

3.临时建设规划管理的要求

对于临时建设规划管理的要求，我们必须严格遵循相关规定，以确保城镇建设的有序进行和安全。

①临时建筑不得超过规定的层数和高度，这是为了保证结构的稳定性和安全性。

②临时建筑应当采用简易结构，以便于快速搭建和拆卸，同时减少对环境的影响。

③临时建筑不得改变使用性质。这意味着如果一个建筑最初是作为仓库设计的，那么在其临时使用期间，它应该继续作为仓库使用，而不是改作其他用途。同时，在城镇道路交叉口范围内，不得修建临时建筑，这是为了确保交通的畅通和行人的安全。

④临时建筑的使用期限通常不应超过两年。这是因为临时建筑通常不

具备长期使用的条件，而且长时间的占用可能会影响城乡规划的实施。在车行道、人行道、街巷和绿化带上，不应当修建居住或营业用的临时建筑，以免影响市容市貌和公共设施的正常使用。

⑤当临时用地被指定时，只能在该范围内修建临时建筑。这有助于管理和控制临时建筑的分布，防止随意搭建造成混乱。在临时占用道路、街巷进行建设时，施工材料堆放场和工棚应当在建筑的主体工程第三层楼顶完工后拆除，以减少对公共空间的占用。此外，可利用建筑的主体工程建筑物的首层堆放材料和作为施工用房。

⑥在屋顶平台、阳台上，不得擅自搭建临时建筑。这不仅是出于安全考虑，也是为了保持建筑的美观和整洁。

⑦临时建筑应当在批准的使用期限内自行拆除，以便为后续的城乡规划和建设留出空间。

结束语

　　随着社会的不断进步和经济的不断发展，我国的城市化进程也在不断加快，城市建设与国土空间规划作为城市管理中重要的组成部分，应具备科学性、合理性和有效性。在城市规划和建设中，要坚持以人为本的思想理念，加强规划建设过程中各部分之间的协调，坚持先规划后建设的原则，努力提升城市建设与国土空间规划的管理水平，从而推动城市的可持续发展。

参考文献

[1] 王印成.我国智慧城市建设和人工智能的发展 [M].北京：经济日报出版社，2018.

[2] 王志强，陈曙，冯国红.深化宁波学习型城市建设研究·宁波学术文库 [M].杭州：浙江大学出版社，2018.

[3] 张亚军.上海全球城市建设中的产业发展战略研究 [M].上海：上海财经大学出版社，2018.

[4] 王微，杨鑫悦.挑战与突破·大学文化发展与文化城市建设 [M].成都：电子科技大学出版社，2018.

[5] 李雪松.城市建设用地扩张对热环境影响研究 [M].武汉：华中科技人学出版社，2018.

[6] 万勇，顾书桂，胡映洁.基于城市更新的上海城市规划、建设、治理模式 [M].上海：上海社会科学院出版社，2018.

[7] 赵颖.生态城市规划设计与建设研究 [M].北京：北京工业大学出版社，2018.

[8] 李洪兴，石水莲，崔伟.区域国土空间规划与统筹利用研究 [M].沈阳：辽宁人民出版社，2019.

[9] 王克强.上海国土空间规划与土地资源管理优秀成果选编 [M].上海：复旦大学出版社，2019.

[10] 张俊.区域国土空间开发格局优化的概念框架和模式创新 [M].杭州：浙江大学出版社，2019.

[11] 郭静姝.生态环境发展下的城市建设策略 [M].青岛：中国海洋大学出版社，2019.

[12] 上海市建筑建材业市场管理总站.上海市海绵城市建设工程投资估算指标 [M].上海：同济大学出版社，2019.

[13] 孔德静，张钧，胥明．城市建设与园林规划设计研究 [M]．长春：吉林科学技术出版社，2019.

[14] 梁家琳，闫雪．当代城市建设中的艺术设计研究 [M]．北京：中国戏剧出版社，2019.

[15] 蒙天宇．国际无废城市建设研究 [M]．中国环境出版集团，2019.

[16] 廖清华，赵芳琴．生态城市规划与建设研究 [M]．北京：北京工业大学出版社，2019.

[17] 樊森．国土空间规划研究 [M]．西安：陕西科学技术出版社，2020.

[18] 张赫，杨春姜，薇王睿．多资源环境约束耦合下的滨海空间形态设计方法 [M]．武汉：华中科技大学出版社，2020.

[19] 彭震伟．空间规划改革背景下的小城镇规划 [M]．上海：同济大学出版社，2020.

[20] 于开红．海绵城市建设与水环境治理研究 [M]．成都：四川大学出版社，2020.

[21] 王庆，葛晓永，徐照．数字孪生城市建设理论与实践 [M]．南京：东南大学出版社，2020.

[22] 杨梅，赵丽君．数据驱动下智慧城市建设研究 [M]．北京：九州出版社，2020.

[23] 张京祥，黄贤金．国土空间规划教材系列·国土空间规划原理 [M]．南京：东南大学出版社，2021.

[24] 黄焕春，贾琦，朱柏葳．国土空间规划 GIS 技术应用教程 [M]．南京：东南大学出版社，2021.

[25] 莫霞，罗镔．理想空间·No.88 国际大都市设计与管理新导向 [M]．上海：同济大学出版社，2021.

[26] 文超祥，何流．国土空间规划教材系列·国土空间规划实施管理 [M]．南京：东南大学出版社，2022.

[27] 马旭东，刘慧，尹永新．国土空间规划与利用研究 [M]．长春：吉林科学技术出版社，2022.

[28] 侯丽，于泓，夏南凯．国土空间详细规划探索 [M]．上海：同济大学出版社，2022.

[29] 李明.国土空间规划设计与管理研究 [M].沈阳：辽宁人民出版社，2022.

[30] 孔德静，刘建明，董全力.城乡规划管理与国土空间测绘利用 [M].西安：西安地图出版社，2022.

[31] 王璐瑶.国土空间功能双评价及分区优化研究 [M].北京：中国经济出版社，2022.

[32] 张立.国土空间规划培训丛书·国土空间专项规划 [M].上海：同济大学出版社，2023.

[33] 彭震伟.国土空间规划培训丛书·国土空间规划理论与前沿 [M].上海：同济大学出版社，2023.

[34] 张尚武.国土空间规划培训丛书·国土空间规划编制技术 [M].上海：同济大学出版社，2023.

[35] 卓健.国土空间规划培训丛书·城市更新与城市设计 [M].上海：同济大学出版社，2023.